M. Loisel

Die vollkommene Spargelzucht

Kultur der Spargel auf natürlichem und künstlichem Wege

unikum

M. Loisel

Die vollkommene Spargelzucht

Kultur der Spargel auf natürlichem und künstlichem Wege

ISBN/EAN: 9783845743370

Erscheinungsjahr: 2012

Erscheinungsort: Bremen, Deutschland

www.unikum-verlag.de | office@unikum-verlag.de

Bei diesem Titel handelt es sich um den Nachdruck eines historischen, lange vergriffenen Buches. Da elektronische Druckvorlagen für diese Titel nicht existieren, musste auf alte Vorlagen zurückgegriffen werden. Hieraus zwangsläufig resultierende Qualitätsverluste bitten wir zu entschuldigen.

M. Loisel

Die vollkommene Spargelzucht

Kultur der Spargel auf natürlichem und künstlichem Wege

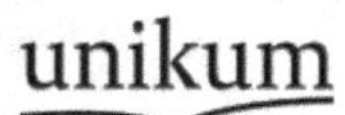

Die vollkommene Spargelzucht.

Cultur der Spargel auf natürlichem und künstlichem Wege.

Von

M. Loisel,

Director der Gärten des Marquis von Clermont-Tonnerre, Mitglied der „Société nationale d'Horticulture" zu Paris.

Nach dem Französischen unter Mitwirkung

von

H. Jäger,

Großherzogl. Sächs. Hofgärtner und Inspector von Gemeindebaumschulen ꝛc.

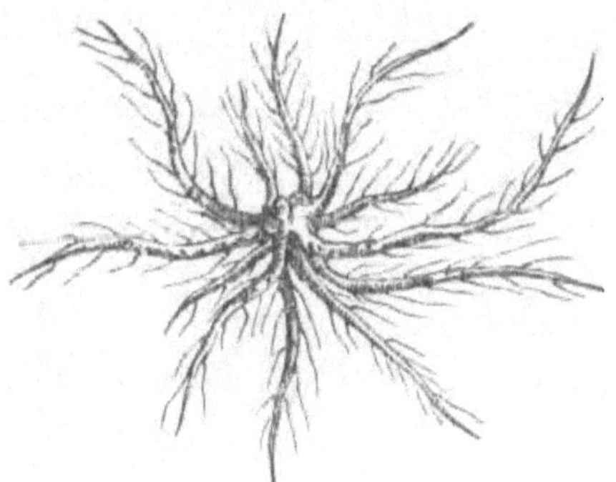

Leipzig.

Verlag von Otto Spamer.

1855.

Vorrede.

Die kleine Abhandlung, welche wir im Nachstehenden dem Publikum vorlegen, hat den Zweck, eine der wichtigsten Culturen, nämlich die des Spargels, zu erleichtern und allgemeiner zu machen. Wir wissen recht wohl, daß darüber schon mehrere Werke vorhanden sind; theils aber sind dieselben ungenau und ungenügend, theils zu umfänglich und zu theuer, um Jedermann zugänglich zu sein. Wir haben daher geglaubt, daß es an einem Elementarbuche über diese Cultur fehle, welches einem Jeden, der sich dafür interessirt, auf bündige, leichtfaßliche Weise den Weg vorzeichnet, den er zu diesem Zwecke einzuschlagen hat, sowie das einfachste und zweckmäßigste Verfahren, um zu dem gewünschten Ziele zu gelangen.

Diese Aufgabe war, wie man leicht begreifen wird, nicht ohne Schwierigkeit, und wir zögerten lange, ehe wir diese Arbeit begannen; ermuthigt jedoch durch den Gedanken, etwas Gutes zu stiften und den Spargelfreunden, die mit dieser Cultur noch nicht vertraut sind, nützlich zu sein, haben wir weniger unsere unzureichend scheinenden Kräfte, als vielmehr unsere lange Erfahrung zu Rathe gezogen, in der Meinung, daß eine mehr als dreißigjährige Praxis uns wohl berechtige, über diesen Punkt ein Wort zu sprechen.

Unsere kleine Schrift ist nicht in jenem eleganten Style abgefaßt, welcher den Leser verlockt und hinreißt, und eben so wenig wird man jene glänzenden Theorien darin finden, durch welche die Wissenschaft sich bemüht, Licht über die Thatsachen zu verbreiten. Sie ist das Ergebniß der Praxis, die einfache Darlegung der durch die Arbeit an Ort und Stelle gewonnenen Resultate, und nicht ein hinter dem Studiertische geschriebenes Buch. Wir beginnen zunächst im ersten Kapitel mit einer Darlegung des Nutzens der Spargelcultur; in dem zweiten sprechen wir von dem Ursprunge des Spargels und den Orten, wo wir ihn in wildem Zustande gefunden haben; in einem dritten Kapitel handeln wir von der Saat, ihrem Nutzen, von der Art, sie zu bewirken, und von der Sorgfalt, welche sie während des ersten Jahres erheischt. Sodann kommen wir zur naturgemäßen Cultur, zur Bereitung des Bodens, dem Setzen der Pflanze, ihrer Abwartung, Dauer u. s. w. Dieses Kapitel ist sehr ausführlich behandelt, weil diese Culturmethode von den Gärtnern und Gartenfreunden fast überall angewendet wird. Wir haben dort Alles, was wir über diesen Punkt wissen, angegeben, um diese Methode populär und so einfach als möglich zu machen, damit Jedermann sie ausüben und für die Hauswirthschaft sowohl, als für den Verkauf möglichst großen Nutzen daraus ziehen könne.

Eben so vollständig sprechen wir über die Treibcultur, die in den Gärten so wenig in Gebrauch ist, trotz der Vortheile, welche sie im Winter bietet, weßhalb wir sie von allen Liebhabern in Anwendung gebracht sehen möchten. Die Frühbeetcultur des sogenannten grünen Spargels, welche in einer Jahreszeit, wo es an frischen Gemüsen fehlt, ein gutes Auskunftsmittel für die Küche ist, wird von uns ebenfalls nicht mit Stillschweigen übergangen. In einem anderweiten Kapitel sprechen wir von den vortheilhaften Ergebnissen, welche man erlangt, wenn man ein Spargelbeet am Fuße einer nach Süden gelegenen Mauer anlegt, wo man die Spargel wenigstens vierzehn Tage eher als im Freien und ohne Schutzvorrichtung haben kann.

Die einzelnen Angaben über die verschiedenen Culturen beschließen wir mit einem Ueberblick unserer ganzen Arbeit, indem wir zugleich einige im Laufe des Werkes ausgelassene Vorschriften oder Fingerzeige nachtragen. Wir sprechen dort auch von der besten Verfahrungsweise beim Verpacken und Versenden der Spargelpflanzen, hinsichtlich welcher viele Handelsgärtner nicht die nöthige Sorgfalt aufwenden. Den Schluß unserer Arbeit macht die Aufzählung der dem Spargel schädlichen Thiere, wobei wir zugleich die Mittel angeben, die wir zur Vernichtung dieser Thiere und zur Beseitigung der von ihnen angerichteten Verwüstungen bewährt gefunden haben.

Möge diese Schrift, die uns viel Arbeit gekostet hat, beim Publikum eine günstige Aufnahme finden! Möge der Leser unseren schwachen Kräften seine Nachsicht nicht versagen! Sollte unsere bescheidene Arbeit wirklich dazu beitragen, die Spargelcultur noch allgemeiner zu machen und gute und nützliche Verfahrungsweisen in dieser Beziehung zu verbreiten, so würden wir uns für unsere Mühe reichlich belohnt erachten.

D. B.

Vorwort des Herausgebers.

Der Verleger eröffnet mit dieser Schrift die zweite Abtheilung der „Illustrirten Bibliothek des landwirthschaftlichen Gartenbaues“, deren Herausgabe ich unternommen habe. Die Bearbeitung der ersten Abtheilung, welche meist Originalarbeiten enthält, gestattete mir nicht, die Uebersetzung der Bändchen, welche besondere Culturen behandeln, selbst zu besorgen. Damit aber nur Gediegenes zum Vorschein komme und die Uebertragung eine wirklich gärtnerische, fachgemäße sei, wurde die Uebersetzung unter meiner Aufsicht ausgeführt, gründlich von mir überarbeitet und mit einigen, für den deutschen Leser nöthigen Bemerkungen begleitet.

Ueber die Schrift selbst habe ich nur wenig zu bemerken. Sie mag für sich selbst sprechen. Nur etwas ganz Vorzügliches, durch außerordentliche Erfolge Ausgezeichnetes konnte mich bestimmen, dem deutschen Publikum einen Gegenstand vorzuführen, über den schon so viel und zum Theil Gutes geschrieben worden ist. Der Verfasser, praktischer Gärtner von großer Erfahrung, hat im Spargelbau so Außerordentliches geleistet, daß der Ruf seiner Riesenspargel von durchschnittlich 1 Zoll Stärke sich bei allen Gärtnern Frankreich's verbreitete, und er von den bedeutendsten Autoritäten (ich nenne nur Decaisne und Vilmorin) wiederholt aufgefordert wurde, sein Verfahren bei der Spargelcultur öffentlich bekannt zu machen. Er that es endlich in dem vorliegenden Bändchen auf eine völlig genügende Weise, so daß der Nachahmer seines Verfahrens ohne Künstelei gleiche oder nahekommende Erfolge erzielen muß. Daß ein Mann, zumal ein französischer Gärtner, dem so viel Schmeichelhaftes über seine Leistungen gesagt wird, etwas eitel auf sein Wissen wird, ist nicht zum Verwundern, und der deutsche Leser wird es dem selbstgefälligen Franzosen lächelnd verzeihen, wenn er auf jeder Seite sagt, daß noch Niemand es ihm gleichgethan, zumal da er kein Geheimniß aus seinem Verfahren macht, sondern ehrlich Alles mittheilt, was er selbst weiß.

H. Jäger.

Inhalt.

Erstes Kapitel.

Vortheile der Spargelcultur.

Unter den Küchenpflanzen giebt es vielleicht keine, deren Anbau nützlicher wäre, als der Spargel, sowohl für die Hauswirthschaft, als um durch den Verkauf Gewinn davon zu ziehen. Diese Pflanze ist in Bezug auf die Küche und wegen ihrer Frühzeitigkeit so kostbar, daß man sie in allen Hauswirthschaften, auf dem Tische des Armen so gut wie auf der Tafel der Könige, antrifft. Im Küchengarten ist sie von unermeßlichem Nutzen, weil sie von allen Gemüsen zuerst zum Vorschein kommt, und weil man sie mittelst der Treibcultur das ganze Jahr hindurch haben kann. In dieser Beziehung steht sie unter allen Küchenpflanzen oben an, weil es leicht ist, sie in jeder Jahreszeit frisch zu haben.

Um den Spargel aber schön und groß zu erhalten, verlangt seine Cultur die geeignete Abwartung während der ganzen Zeit seiner Dauer, die sich von zwölf bis fünfundzwanzig, ja noch mehr Jahre erstrecken kann, je nach der Wichtigkeit, die man darauf legt, und der Culturmethode, zu der man sich bestimmt. Bei der gewöhnlichen natürlichen Cultur erscheint er zu Anfange des Frühjahrs und entschädigt uns für den langen Mangel an frischen Gemüsen, deren der Winter uns beraubt hat. Jedes Jahr sehen wir ihn mit Vergnügen wieder zum Vorschein kommen; wir schmecken ihn im Voraus und erwarten ihn stets ungeduldig mit den ersten schönen Tagen. Zuweilen zeigt er sich, durch trügerischen Sonnenschein hervorgelockt, noch ehe die letzten Winterfröste vorüber sind, läßt sich von diesen überrumpeln und entzieht uns dann mehrere Tag lang seine Gegenwart.

Der Spargelbau ward schon im grauen Alterthume betrieben, läßt aber trotz dieses Alters und trotz aller Vervollkommnungen, die er erfahren, noch immer viel zu wünschen übrig, namentlich in Bezug auf die Größe. Wenn die Spargelstengel ¾ Zoll im Umfange haben, so ist man schon zufrieden, und die, welche man auf den Märkten als die schönsten verkauft, sind in der Regel nicht stärker; bei gehöriger Sorgfalt und zweckmäßiger Cultur aber ist es leicht, diese Stärke zu verdoppeln, und zwar in einem Zeitraume von drei Jahren von der Zeit der Saat an gerechnet.

Um guten Spargel von der zuletzt erwähnten Stärke zu bekommen, bedarf es eines fetten oder durch guten Dünger fett gemachten Bodens. Es ist nicht immer nothwendig, daß er sehr tief ausgegraben wird, wie mehrere Schriftsteller über diesen Gegenstand empfehlen; wir haben vielmehr durch unsere eigenen Beobachtungen die Ueberzeugung gewonnen, daß der gute Erfolg nicht immer hiervon abhängt. Zahlreiche, von uns selbst angestellte Versuche haben uns bewiesen, daß es Bodenarten giebt, welche, um Spargel von der größten Stärke zu erzeugen, nicht tiefer aufgegraben zu werden brauchen, als bei den gewöhnlichen Gartenarbeiten; wir wissen aber auch, daß andere Bodenarten eine ziemlich tiefe Umgrabung verlangen. Unsere Ueberzeugung ist jedoch, daß man den Spargel überall cultiviren und in großer Fülle und bedeutender Stärke erziehen kann. Wir werden zu diesem Zwecke in alle nöthigen Einzelnheiten eingehen, deren Kenntniß erforderlich ist, um bei dieser Cultur vollständige Erfolge zu erzielen; ehe wir dieß jedoch thun, wird es vielleicht nicht unnütz sein, die Gegenden zu nennen, wo er von selbst, das heißt im wilden Zustande wächst.

Zweites Kapitel.

Die Heimath des Spargels.

Der Spargel ist eine unserer einheimischen Pflanzen, und man trifft ihn vorzugsweise an sandigen Orten, Dünen u. s. w. Der anfangs einfache und gerade Stengel läuft später in mehrere Zweige aus und wird über drei Fuß hoch. Seine Blätter sind geradlinig, borstig, in kleinen Büscheln im Blattwinkel schuppiger Nebenblätter stehend; die Blüthen sind gelblich grün und sitzen am Ursprunge der Zweige. Die meisten sind zweihäusig (getrennten Geschlechts) und es entstehen daraus Beeren, die zur Zeit der Reife eine lebhafte rothe Farbe zeigen. Die weiße Varietät, welche in dem Küstensande wächst, scheint der wilde Typus zu sein, der in verbessertem Zustande durch die Cultur die Varietät erzeugt hat, von welchem man die starken Schößlinge ißt.

Samen des wildwachsenden Spargels habe ich niemals gesäet, indessen glaube ich, daß man nach Verlauf von zwei oder drei gut cultivirten und gut gepflegten Generationen eben so große Stengel bekommen würde, als wir durch die beste Cultur ernten. Auf diese Weise hat der Spargel sich verbreitet und in allen Küchengärten heimisch gemacht, und durch Pflege und Düngung haben wir ihn so weit gebracht, wie wir ihn heute sehen.

Die Cultur hat drei Varietäten hervorgebracht; die grüne, die weiße oder weißliche und die violette, die aber im Grunde genommen nur eine und dieselbe Gattung sind. Die Gegenden, wo der Spargelbau in der höchsten Blüthe steht, besitzen keineswegs verschiedene Gattungen, sondern verdanken diesen Vorzug der guten Wahl und der aufmerksamen Sorgfalt, welche die Gärtner und Gartenfreunde dort auf die Ernte des Samens, die Saat u. s. w. verwenden, vielleicht aber auch einer Bodengattung, die vorzugsweise von Natur zu dieser Cultur geeignet ist.

Zu dieser Ueberzeugung gelangen wir, wenn wir uns die Mühe geben wollen, den Spargel mit aller Sorgfalt, die er verlangt, zu bauen. Wenn wir aus diesen Gegenden Spargelpflanzen kommen lassen, so finden wir allemal eine gewisse Anzahl kleine darunter. Dieß hat seinen Grund darin, daß die Pflanzen ohne Auswahl geschickt werden, weil außerdem der Verkäufer genöthigt wäre, einen viel höheren Preis zu fordern, den die Käufer ihm nicht würden bezahlen wollen, weil sie die Pflanzen anderwärts wohlfeiler bekommen könnten. Deshalb giebt man diesen weniger guten Pflanzen den Vorzug, obschon die Käufer dabei schlechter wegkommen; denn es ist jedenfalls vortheilhafter, die Spargelpflanzen, wenn man die Auswahl hat, noch einmal so theuer zu bezahlen, als wenn man zu einem wohlfeilen Preise solche bekommt, von denen wenigstens die Hälfte klein ausfällt. Indessen, wer seine Pflanzen selbst zieht, kommt gar nicht in diese Verlegenheit.

Drittes Kapitel.

Natürliche Cultur. — Die Saat.

Um bei der Spargelcultur vollständigen Erfolg zu erzielen, muß man die Rathschläge und Vorschriften, welche wir geben werden, auf's Genaueste beobachten.

Wir beginnen mit der Saat und gehen dann von Jahr zu Jahr weiter, bis die Spargelpflanzung ihren vollen Ertrag abwirft. Ueberdieß werden wir von dem Verfahren beim Einsammeln des Samens und dem dazu geeigneten Pflanzungsplatze sprechen.

Ehe man sich zum Säen entschließt, muß man den Umfang des Terrains berechnen, welches man hierzu bestimmen will und welches je nach der größeren oder kleineren Zahl von Setzlingen, die man sich verschaffen will, 200 bis 240 Quadratfuß groß sein kann. Diese Bodenfläche muß indessen im Verhältniß zu dem Umfange des Terrains, welches man anzupflanzen gedenkt, erweitert werden, d. h.: wenn man fünfhundert Spargelsetzlinge nöthig zu haben glaubt, so muß man doppelt so viel säen, um eine gute Auswahl treffen zu können, von welcher, wie wir später zeigen werden, der ganze Erfolg abhängt. Das zur Saat bestimmte Beet darf nicht mehr als höchstens vier Fuß breit sein, bei einer der Saatmenge angemessenen Länge, um den jungen Setzlingen alle nöthige Sorgfalt widmen zu können. Sobald man sich einmal über die Quantität und über den Platz, der durchaus keinen Schatten haben darf, entschieden' hat, verfährt man auf folgende Weise.

Von den ersten Tagen des März an bis zu Ende dieses Monats und selbst bis zum fünfzehnten April, aber nicht später, beginnt man den Platz mit gutem noch ungebrauchtem Kuh- oder Pferdemist zu düngen, den man in einer Schicht von fünf bis sechs Zoll Dicke aufbreitet, worauf man den Boden zwölf bis sechszehn Zoll tief umgräbt, wobei man Sorge trägt, den Dünger gut mit der Erde zu vermischen, so daß beides nur eine Masse wird, und der Dünger sich nicht mehr in einzelnen Klumpen im Boden vorfindet. Wenn man Taubenmist zur Verfügung hat, so kann man der vorangegebenen Düngerquantität ungefähr ein Zwanzigstel davon und eben so viel ausgelaugte Asche hinzufügen. Dieser Zusatz beschleunigt das Keimen ganz besonders und giebt später der Vegetation eine überraschende Kraft. Der Taubenmist ist ein sehr kräftiger Dünger und gleichzeitig ein mächtiges Reizmittel für die Entwickelung der jungen Spargeltriebe. Der Boden muß so viel als möglich bei schönem Wetter vorbereitet sein. Wenn er noch regennaß ist, wie dieß zuweilen der Fall ist, so thut man besser, wenn man selbst bis Ende April wartet, als wenn man bei Regenwetter beginnt. Bei der Zurichtung des Bodens muß man Sorge tragen, alle Steine, Wurzeln und Unkräuter, mit einem Wort Alles zu entfernen, was der Reinheit des Bodens und dem Wachsthume der jungen Spargel schaden kann. Wenn der Boden, in welchem man säen will, mit zu viel Steinen und Wurzeln angefüllt ist, so muß man ihn vorher durchwerfen. Man darf durchaus nichts versäumen, was dazu dienen kann, das Wachsthum und die Entwickelung dieser kostbaren Pflanze zu begünstigen. Die Erde muß so durchgearbeitet werden, als ob man Blumen damit umsetzen wollte, denn dieses geringe Opfer ist nothwendig, um einen Genuß zu erhalten, welcher fünfundzwanzig bis dreißig Jahre dauern soll.

Wenn der Boden auf die eben angegebene Weise zugerichtet und vermischt ist, so ebnet man ihn und überzieht ihn mit dem Rechen, wobei man es vermeiden muß, auf das Beet zu treten. Hierauf schreitet man zur Saat, entweder in Reihen oder breitwürfig. Geschieht es in Reihen, so zieht man auf der ganzen Länge des Platzes, der dazu bestimmt worden, in Zwischenräumen von vier Zoll nach der Schnur kleine Furchen von etwa 1 Zoll Tiefe (Fig. 1).

Hierauf säet man in jede Furche die Körner in einer Entfernung von etwa $1\frac{1}{2}$ bis $\frac{4}{5}$ Zoll (Fig. 2) von einander, damit man schon,

sobald sie aufgegangen sind, eine gute Auswahl treffen kann. Wenn das ganze Beet besäet ist, so bedeckt man es seiner ganzen Fläche nach mit einer Schicht guter Mist- oder Composterde, so daß das Korn gleichförmig etwa einen Zoll hoch davon bedeckt ist. Wenn man hiermit fertig ist, so deckt man eine Schicht Mist darüber, der schon das Jahr vorher in den Frühbeeten gebraucht worden oder eigens zu diesem Zwecke zubereitet ist.

Wenn man, nachdem der Boden gleichmäßig geebnet ist, wurfweise säet, so muß man die Körner so fallen lassen, daß sie ungefähr einen Zoll weit von einander zu liegen kommen*), worauf man sie, wie bei der Reihensaat, etwa einen Zoll stark mit Mist- oder Composterde und darauf mit einer Lage von verrottetem Miste bedeckt. Manche Schriftsteller, die über diesen Gegenstand geschrieben haben, empfehlen, die Saat gleich auf dem Beete zu machen, wo man den Spargel groß ziehen will; wir werden später über diese Methode sprechen und sagen, warum wir derselben nicht huldigen.

Das Samenkorn braucht in der Regel, nachdem es in den Boden gebracht worden, fünf bis sechs Wochen, um aufzugehen, hat man im Mai gesäet, nicht ganz so lange; wir haben aber schon gesagt, daß man nicht so spät säen darf, wenn man nicht durch widrige Witterung oder durch irgend einen anderen gebieterischen Umstand dazu genöthigt wird.

Von dem Augenblicke an, wo das Korn gesäet ist, muß man es alle Tage überwachen, und wenn die Witterung trocken ist, es von Zeit zu Zeit, ja, wenn nöthig, alle Tage begießen, um den Boden in fortwährender Feuchtigkeit zu erhalten. Ganz besonders darf man die Oberfläche nicht trocken werden lassen, weil dieß den sich entwickelnden Keim wieder ersticken könnte. Wenn sich Unkraut zeigt, so muß man auf dessen sofortige Ausrottung bedacht sein.

Sobald als das Spargelkorn anfängt aufzugehen, muß man die zeither geübte Wachsamkeit verdoppeln und nicht bloß das Unkraut entfernen, sondern auch eine Menge Ungeziefer abwehren, welches dieser jungen Pflanze mit großer Begier nachtrachtet. Ganz besonders ist dieß

*) Eine so regelmäßige Saat ist breitwürfig unmöglich. Man thut daher besser, mit einem abgenutzten Rechen, dessen Zinken nur ½ Zoll lang sind, oder mit einem eigens dazu gemachten Instrumente von der Breite des Beetes (welches man zu andern Saaten ebenfalls gebrauchen kann) regelmäßige Löcher in das zubereitete Beet zu drücken und die Körner einzeln oder zu zweien hineinzulegen. Auf diese Weise wird die Saat unverbesserlich gleichmäßig. Anm. d. Herausg.

der Fall mit den kleinen Erdschnecken, welche beim Aufgehen der Pflanzen eine bedeutende Anzahl derselben verderben, wenn man nicht die geeigneten Mittel anwendet, um diese Thiere zu vernichten. Bei nasser Witterung muß man sich die Mühe nehmen, diese kleinen Schnecken einzeln aufzulesen, oder — was noch besser ist — wenn man deren eine ziemlich große Quantität bemerkt, so überstreut man das ganze Beet mit pulverisirtem ungelöschtem Kalk, so daß die ganze Oberfläche davon weiß wird. Man hat dann die Gewißheit, daß man eine Menge dieser Thiere tödtet, ohne den jungen Spargelpflanzen Schaden zuzufügen.

Wenn die junge Pflanze eine Höhe von 1 bis 1½ Zoll erreicht hat, kann man schon eine Anzahl derselben entfernen, vorzüglich die, welche am zartesten und schwächlichsten zu sein scheinen. Das Auge unterscheidet leicht den Sämling, welcher am schönsten gekommen ist und sich in Folge seiner Größe und Stärke zu einer guten Pflanze zu entwickeln verspricht. Diese kleinen Pflanzenanfänge verrathen einem geübten Praktiker schon diejenigen, welche in der Folge die stärksten Spargel erzeugen. Die erste Lichtung muß so geschehen, daß die jungen Pflanzen ziemlich zwei Zoll von einander zu stehen kommen. Durch diese Operation gewinnt man für den Augenblick für die jungen sich entwickelnden Wurzeln Platz genug, damit sie sich nach jeder Richtung ausdehnen können, ohne mit einander zu verwachsen oder einander zu hindern.

Drei oder vier Wochen nach dieser ersten Verdünnung oder noch besser, wenn die junge Pflanze 2½ bis 3 Zoll Höhe hat, lichtet man von Neuem, indem man abermals die Pflanzen auszieht, deren Aussehen von der Art ist, daß man sich von ihnen für die Zukunft nicht so viel versprechen kann, wie von den anderen. Selbst wenn die ganze junge Saat zu der Hoffnung berechtigte, durchgängig Setzlinge von bester Qualität zu liefern, so darf man deßwegen doch nicht zögern, einen Theil davon zu entfernen, wobei man Sorge trägt, daß die stehenbleibenden Pflänzchen 3 bis 4 Zoll aus einander kommen. Dadurch gewährt man den Wurzeln die Möglichkeit, sich bequem zu entwickeln, ohne sich gegenseitig zu schaden, und man bekommt Setzlinge von ausgezeichneter Qualität. Nach dieser letzten Lichtung überzieht man das Beet mit dem Rechen, wobei jedoch die größte Vorsicht und Behutsamkeit nöthig ist, um die Wurzeln, welche noch außerordentlich zart sind, weder zu berühren noch zu beschädigen. Hierauf breitet man über die ganze Fläche eine noch nicht ganz einen Zoll starke Schicht frische mürbe Düngererde, welche man mit ein wenig ausgelaugter Asche vermischt. Diese abermalige Düngung ist für die Entwicklung und das Gedeihen des jungen Spargels sehr förderlich. Es versteht sich von selbst, daß man keine Unkräuter überhand nehmen läßt, sondern dieselben, so wie sie sich zeigen, sofort ausrottet, damit sie nicht die jungen Spargel überwuchern und ihnen die Nahrung entziehen. Eben so wird man Sorge tragen, jedesmal, wo das Bedürfniß es erheischt, das nöthige Begießen vorzunehmen.

Wenn im Laufe des Sommers, sei es nun in Folge des Begießens oder eines Gewittersturmes oder eines Platzregens, die Erde eine Rinde bekommen sollte, so muß man sie, sobald als sie wieder zu trocknen beginnt, leicht mit dem Rechen auflockern — eine Operation, die man so oft als nöthig wiederholt, damit die Oberfläche des Bodens immer locker und im vollkommenen Zustande bleibe. Auf diese Weise behandelt wird die Pflanze im Monat September 15 bis 20 Zoll hoch, ja oft noch höher sein, mit drei oder vier Stengeln an demselben Stamme, der nun mit schönen Wurzeln versehen ist.

Sobald die junge Pflanze Blätter bekommt, ist die größte Wachsamkeit nöthig, um sie vor den Angriffen eines niedlichen kleinen Insektes zu bewahren, welches unter dem Namen des Spargelkäfers oder Spargelhähnchens bekannt ist. *) Besonders während der heißen Stunden des Tages setzt sich dieses Insekt auf die Pflanzen und legt, wenn es nicht gestört wird, längs der Stengel und in die Spalten der Blätter seine Eier, aus welchen nach Verlauf von vier oder sechs Tagen eine häßliche braungrüne Larve hervorgeht, welche, bis sie sich einpuppt, die Blätter und das Häutchen der jungen Pflanze zernagt. Wenn der Stengel auf diese Weise zernagt ist, so stirbt er ab, und die Wurzel macht eine Anstrengung, einen neuen hervorzutreiben, wodurch die Pflanzen bedeutend geschwächt werden, so daß, wenn eine Saat auf diese Weise angegriffen wird und man keine Mittel anwendet, um die Insekten

*) Es ist dieß Crioceris asparagi und 12 punctata (mit 12 Punkten), eine Art Zirpkäfer. Anm. d. Herausg.

zu vernichten, es fast nicht möglich ist, von diesen Setzlingen weiteren Gebrauch zu machen, weil die Organisation der Pflanze schon in ihrem Lebensprincip angegriffen ist. Allerdings werden die Spargelpflanzen immer noch hoch, aber sie geben keine so schöne Stengel, wie die, welche nicht auf diese Weise heimgesucht worden sind. Um diesem Uebelstande vorzubeugen, muß man alle Tage, sobald die Sonne scheint, den Augenblick ablauern, wo die ersten Spargelkäfer sich auf der Saat zeigen und sie sofort zwischen den Fingern zerdrücken, um die jungen Stengel nicht zu beschädigen. Sehr oft läßt sich dieses Insekt, sowie man sich ihm mit der Hand nähert, auf die Erde fallen und verbirgt sich in einer Vertiefung. Dann muß man es aufsuchen und es sofort tödten, weil es nach Verlauf von ein paar Minuten wieder an einer anderen Pflanze emporläuft und auf dieser seine Eier absetzt.

Wenn ungeachtet aller dieser Sorgfalt es einigen Insekten gelingt, ihre Eier auf den Stengeln abzusetzen, so muß man, sobald man sie bemerkt, sie sofort vernichten, selbst wenn sie sich schon im Zustande der Larven befinden. Sehr oft geschieht es, daß sie unsere Wachsamkeit täuschen, aber dieß ist kein Grund, gegen sie nicht einen ununterbrochenen Krieg zu führen und ihre Brut wo möglich zu vernichten, um die junge Pflanze vor ihrer Gefräßigkeit zu bewahren. Ist einmal die Legezeit vorüber, so hat es keine Gefahr mehr; sehr oft aber erscheint gegen das Ende des Monats Juni oder im Laufe des Juli eine neue Generation, die eben so gefährlich ist, als die erste, und welche es nöthig macht, dieselben Vorsichtsmaßregeln zu ergreifen und dieselbe Wachsamkeit zu entwickeln. Diese kleinen Feinde erneuern sich oft bis in den Monat August; man darf aber nicht müde werden, Jagd auf sie zu machen, denn man kann — ich wiederhole dieß — sich niemals zu viel Mühe geben, um sie zu vernichten oder wenigstens ihren Verheerungen Einhalt zu thun, weßhalb man mit dieser Arbeit und anderen ebenfalls nöthigen während der ganzen schönen Jahreszeit fortfahren muß.

Wenn die jungen Spargelstengel braun geworden sind, was in den letzten Tagen des Octobers oder zu Anfange des Monats November geschieht, so schneidet man sie etwa einen Zoll tief über der Erde ab, wobei man sich in Acht nehmen muß, die Stengel weder zu zerbrechen, noch auszureißen, um nicht die Grundlage zu den Stengeln des nächstfolgenden Jahres zu beschädigen, was der Pflanze sehr schädlich sein würde.

Hierauf überzieht man das Beet leicht mit dem Rechen, wenn es nöthig ist, und läßt die Spargel während des Winters in diesem Zustande verharren.

Viertes Kapitel.

Zubereitung und Vorrichtung des Bodens.

Schon im Herbste muß man so viel als möglich das Terrain vorrichten, um die jungen Spargelpflanzen zu versetzen, das heißt an die Stelle zu bringen, welche sie wenigstens fünfundzwanzig Jahre lang einnehmen sollen. Zu diesem Zwecke hat man vor allen Dingen zu untersuchen, erstens, ob die vegetabilische Erdschicht (Dammerde) tief oder seicht und zweitens, ob der Boden fest, feucht, thonig, lehmig, mergelig u. s. w. ist. Wir werden diese verschiedenen Bodenarten die Musterung passiren lassen und die Mittel angeben, in allen gute Erfolge zu erzielen.

Es haben sehr viele Schriftsteller über die Cultur des Spargels geschrieben, aber nur wenige selbst Spargelbau getrieben. Aus diesem Grunde haben die meisten sich bloß auf das gestützt, was sie vom Hörensagen wußten, ohne eine wirkliche Anleitung geben zu können; denn es ist ein großer Unterschied zwischen der praktischen Ausübung einer Kunst und dem Niederschreiben einer Theorie darüber in der Studirstube. Wir für unsere Person werden hier das mittheilen, was Praxis und Erfahrung uns seit mehr als dreißig Jahren gelehrt haben.

Zuerst muß man mit sich darüber einig werden, ob man seine Spargelpflanzung auf einem größeren offenen Platze oder in Beeten anlegen will. Viele treiben den Spargelbau auf die erstgedachte Weise; wir aber geben den Beeten den Vorzug, aus Gründen, die wir später anführen werden. Man mag jedoch die eine oder die andere Methode befolgen, so muß der zu diesem Zwecke bestimmte Boden wenigstens ein Jahr zuvor durch gute Düngung vorbereitet werden. Hat man weder passenden Dünger noch geeigneten Boden zu seiner Verfügung, so ist es unnütz, die Spargelcultur versuchen zu wollen. Man wird nur ärmliche und dürftige Produkte erhalten, mit deren Einsammlung man erst nach

Verlauf von vier Jahren beginnen kann, wie man sonst zu thun pflegte und wie man auch noch heute an vielen Orten thut. Fast alle reiche und wohlhabende Leute bauen Spargel, aber nur wenige erhalten Stengel von drei bis vier Zoll im Umfange, weil die meisten ihren Pflanzen nicht die gehörige Sorgfalt widmen oder weil sie nicht wissen, wie man es anzufangen hat, um Spargel von der eben erwähnten Größe zu erzielen.

Ist man über den Platz einig und ist man überzeugt, daß der Boden bis auf zwei bis drei Fuß Tiefe locker, kräftig und rein ist und daß er das Wasser gut durchläßt, so ist dieß hinreichend; die Arbeit ist dann nicht sehr kostspielig und reducirt sich auf sehr wenig. Man muß dann, mag man nun die Pflanzung in Beeten oder sonst wie anlegen — je nach der Menge, die man pflanzen will, und nach den angegebenen Entfernungen — die ganze obere Bodenschicht bis zu einer Tiefe von acht bis zehn Zoll entfernen und sie anderswohin bringen oder sie aufheben, um sie im Nothfall zu verwenden. Hierauf bringt man an die Stelle der weggeräumten Erde eine ausreichende Quantität Stallmist, so daß die ganze Fläche zwei bis drei Zoll hoch damit bedeckt ist. Diesen Dünger gräbt man dann tüchtig um, so daß er sich vollständig mit dem Boden vermischt, wobei man aber wohl Acht hat, diese Arbeit nur bei gutem Wetter zu verrichten. Hierbei entfernt man zugleich alle Wurzeln von Unkräutern, wenn deren vorhanden sind, ebenso alle Steine, mit einem Worte Alles, was dem Gedeihen der jungen Pflanze hinderlich sein könnte. Nachdem dieß geschehen, tritt man den ganzen Boden leicht und gleichförmig. Geschieht die Zurichtung im Herbste oder im Winter, so wartet man mit dem Treten, bis man wirklich pflanzt, das heißt, bis zum Monat März oder spätestens bis zum Monat April.

Wenn man den Mist auf die eben angegebene Weise eingegraben und mit dem Boden vermischt hat, und unmittelbar vor dem Pflanzen, bedeckt man den Platz anderthalb bis zwei Zoll hoch mit guter, leichter Erde, zur Hälfte mit junger Düngererde vermischt, wobei man Sorge trägt, daß der Rand des Beetes noch fünf bis sechs Zoll darüber rage. Hierauf überzieht man das Beet leicht mit dem Rechen und es ist zum Pflanzen fertig, worüber wir später nähere Angaben machen werden.

Wenn der Boden, auf welchem man seine Spargelpflanzung anlegen will, nicht alle die Eigenschaften hat, von welchen wir soeben gesprochen haben, so muß man nothwendig die Erde wechseln, um einen sicheren Erfolg herbeizuführen. Wenn die obere Bodenschicht gutes Land ist, so wirft man es auf die Seite, um es nach Entfernung der unteren schlechten Bodenschicht an die Stelle dieser zu bringen; im entgegengesetzten Falle schafft man Alles an einen Ort, wo es nicht im Wege liegt. Man gräbt dann den Boden mit Einschluß der oberen Schicht zwei Fuß tief aus. Wir haben uns überzeugt, daß diese Tiefe hinreichend ist, um sehr schöne Spargel, so wie wir sie ernten, zu erziehen. Bei einer geringeren Tiefe leiden die Spargel, und eine größere nützt ihnen nichts. Nachdem auf diese Weise die Grube zu dem Beete gemacht und die Erde auf die eben angegebene Weise entfernt worden, nimmt man die ganze obere Schicht, die man, wenn sie aufgehoben zu werden verdiente, beiseite geworfen hat, und wirft sie, oder wenn sie nichts taugte, andere passende Erde in die Grube, so daß, wie wir schon oben sagten, noch ein leerer Raum von 8 — 10 Zoll bleibt. Hierauf düngt man, indem man den Dünger tüchtig mit der Erde mischt, bringt gute leichte Düngererde darüber und läßt auf diese Weise bis zur Höhe des Beetes einen freien Raum von 5 — 6 Zoll.

Wenn der Boden, auf welchem man die Spargelpflanzung anlegen will, von Natur feucht ist und das Wasser nicht durchläßt, so ist es nicht möglich, darauf Spargel zu bauen, ohne vorher die nöthigen Kosten auf Veränderung des Bodens zu verwenden. Es müssen deßhalb alle geeignete Mittel angewendet werden, um den Boden tauglich zu machen, entweder dadurch, daß man ihm eine Abdachung nach der Südseite giebt, oder daß man in einer Tiefe von 16 — 20 Zoll Abzugsrinnen von Ziegelsteinen, Kieseln, Geröll u. s. w. anlegt. Ist es in der angegebenen Tiefe nicht thunlich, so reichen auch 13 — 14 Zoll hin. Alle diese Auskunftsmittel sind gut, sobald sie nur den gewünschten Erfolg herbeiführen.*) Auf einem solchen Terrain muß der Boden unbedingt gewechselt und mit dem vertauscht werden, dessen wir uns zur Auffüllung

*) Das beste Mittel, die Bodenfeuchtigkeit abzuleiten, ist eine planmäßige Drainirung (Drainage) durch Thonröhren. Es ist zugleich die wohlfeilste Bodenentwässerung und beim Spargelbau von unberechenbarem Vortheil, weil Spargel unter allen Gemüsearten die Nässe am meisten scheut. — Eine genaue Anweisung zum Drainiren der Gemüse- und Obstgärten enthält die erste Abtheilung der „Illustrirten Bibliothek des Landwirthschaftlichen Gartenbaues.“ A. d. Herausg.

bedienen, worauf wir späterhin zurückkommen. Wenn der Boden mager, kiesig, thonig u. s. w. ist, so muß er ebenfalls gewechselt werden, oder man macht die Beete höher und breiter, um den Wurzeln mehr Nahrung zu geben. Wir haben in Thonboden Spargelpflanzen gezogen, die vollkommen gut gerathen sind, und wir hatten den Thon nur bis zu einer Tiefe von zwei Fuß bei einer Breite des Beetes von sechs Fuß ausgraben lassen, doch hatten wir Sorge getragen, die Beete tüchtig zu düngen.

Um sehr dicke Spargel zu bekommen, legen wir unsere Beete immer isolirt an und pflanzen nur zwei Reihen in jedes Beet, insofern es sich nicht um Treibcultur handelt. In diesem Falle pflanzen wir je nach dem Bedürfniß und je nachdem wir sie mehr oder weniger stark betreiben wollen, drei bis vier Reihen. Diejenigen, welche den Rath geben, bei der natürlichen Cultur vier Reihen Spargel in Beete von zwei Fuß Breite und einen Fuß von einander entfernt zu pflanzen, können niemals hoffen, Spargel von erster Stärke zu ernten, noch auf eine Dauer von fünfundzwanzig bis dreißig Jahren rechnen. Die Wurzeln verwachsen bald in einander und machen sich die Nahrung streitig, so daß solche Pflanzungen oft schon in einem Alter von zwölf Jahren, trotz der sorgfältigen Arbeit und des fetten Düngers, den man jedes Jahr darauf verwendet, ihrem Verfall entgegengehen. Anstatt die Schuld sich selbst beizumessen, legen die Eigenthümer dieselbe dann in der Regel dem Boden zur Last und meinen, er widerstrebe der Spargelcultur; wenigstens haben wir sehr oft dergleichen ungegründete Klagen führen hören. Wenn man beim Pflanzen die Entfernungen einhält, die wir später angeben werden, so verliert man dabei durchaus nichts, denn die Spargel produciren dann eben so viel und sind viermal größer, als die, welche man enger pflanzt. Mit einem Worte, wenn man unseren Vorschriften folgt, so kann man immer des vollständigen Gelingens sicher sein und braucht nicht im Dunkeln zu tappen; man wird durch eine lange Erfahrung geleitet, deren Erwerbung uns um so schwieriger geworden ist, als uns Niemand zur Seite stand, der uns den richtigen Weg vorgezeichnet hätte. Unsere Leser werden es uns hoffentlich Dank wissen, daß wir das Licht, welches uns in dieser Beziehung aufgegangen ist, auch weiter zu verbreiten wünschen.

Wenn man sich dafür entschieden hat, in Beeten zu pflanzen und in jedem zwei Reihen anzulegen, so muß das Beet vier Fuß breit sein. Wenn man dagegen drei Reihen anlegen will, so muß das Beet sechs Fuß breit sein. Sowohl wenn die Pflanzung auf einem ungetheilten Platze, als wenn sie in Beeten erfolgt, setzen wir voraus, daß die Gruben mit passender Erde gefüllt sind, wie wir schon vorhin angegeben, daß der Boden festgetreten und gerecht ist. In diesem Zustande ist der Boden zur Pflanzung fertig. Ehe man jedoch diese wesentliche Operation vornimmt, muß man die Erde zubereiten, mit welcher man die Setzlinge zu bedecken hat. Dieser Gegenstand wird uns im nächsten Kapitel beschäftigen.

Fünftes Kapitel.

Zubereitung der Erde zur Bedeckung der Spargel.

Schon lange vor dem Pflanzen muß man sich mit der Zubereitung einer passenden Erde beschäftigen, um damit die jungen Spargelpflanzen bei und nach dem Pflanzen zu bedecken. Diese Erde muß so leicht als möglich sein. Die nachstehend beschriebene ist die, welche wir als die beste anerkannt haben; wir wenden sie mit dem größten Erfolge an, und sie hat sich stets vollkommen bewährt. Während des ganzen Jahres lassen wir in eine große, zu diesem Zwecke bestimmte Grube allerlei Abgänge, Garten- und andere Kräuter, grüne Blätter, wenn wir deren haben, Abgang von Gemüse, Rasenstücke, abgeblühte Blumenstengel u. s. w. werfen. Keinerlei Abgang darf auf andere Weise beseitigt werden, denn es hat alles noch seinen Nutzen. Zuerst bilden wir davon eine Schicht von 10 — 14 Zoll Höhe in der ganzen Breite der Grube. Wenn diese erste Lage auf diese Weise gebildet ist, so lasse ich eine Schicht guten Stallmist von 4 — 5 Zoll Höhe darüber bringen; auf diesen Mist bringe ich einen Zoll hoch ausgelaugte Asche und eben so viel Heidesand *); dann beginnt man eine zweite Schicht auf dieselbe Weise wie die erste und so weiter, bis die Grube voll ist. In dieser Zwischenzeit jedoch und besonders während des Sommers, wenn wir trockene Kräuter oder Pflanzen ebenso wie Abfälle von geschorenen Hecken und dergleichen haben, so verbrennen wir diese in der Grube. Wenn der Monat November kommt, laß' ich den ganzen Inhalt der Grube heraus an den Rand werfen, wobei Alles, was noch nicht vollständig durchgefault ist, auf die Seite geworfen wird, um wieder in die Grube zu kommen, sobald dieselbe leer ist. Von dem, was vollständig durchgefault ist, lasse ich einen hohen kegelförmigen Haufen bilden, damit das Regenwasser daran herunterläuft, ohne hineinzudringen. **) In diesem Zustande lasse ich ihn bis gegen das Ende des Monats Januar oder bis zum Februar, je nachdem die Witterung es erlaubt, so viel als möglich aber, bis ein schöner Tag eintritt; denn man thut besser, noch acht Tage zu warten, als bei Regenwetter zu arbeiten.

Dann lasse ich den Erdhaufen tüchtig umbrechen und unter einander mischen, indem ich ihn wiederholt umstechen lasse, wobei das Unterste allemal wieder zu oberst kommt. Bei diesem Verfahren rollen die gröbsten noch unverwesten Stücke auf die Seite und man trägt von Zeit zu Zeit Sorge, sie mit einem Rechen zu entfernen und wieder in die Grube zu werfen; am besten ist es aber, wenn man das Ganze durch einen Durchwurf wirft, falls man einen solchen zu seiner Verfügung hat. Wenn der Erdhaufen auf diese Weise umgestochen und durchgeworfen ist,

) Der Heidesand ist der, auf welchem gewöhnlich die Haideerde ruht. Er ist oft schwarz, enthält aber fast gar keinen Gerbstoff.) Dieses Sandes bediene ich mich, um den Boden locker und für den Regen oder für das Begießen leicht durchdringlich zu machen. Wenn der Boden, in welchen man den Spargel pflanzt, schon von Natur sandig und locker ist, so braucht man keinen Sand weiter beizumischen. A. d. V.

**) Dieß ist nicht so genau zu nehmen. Regen schadet nur, wenn er so stark eindringt, daß er wieder abfließt und dabei die Erde auslaugt. Außerdem trägt er zur schnelleren Zersetzung der Erde bei, beschleunigt also den Gebrauch. A. d. H.

*) Der Verfasser sagt acide tannique, d. h. Gerbesäure, Tanninginsäure, meint aber ohne Zweifel eisensaures Salz oder Eisen in anderer Form. — Ich bemerke hierzu, daß jeder Kieselsand anwendbar ist. A. d. H.

schaufelt man ihn abermals kegelförmig und so hoch als möglich auf, um das Regenwasser abzuhalten. Mit dem Rücken der Schaufel schlägt man ihn rings herum fest und läßt ihn in diesem Zustande bis zu dem Augenblicke, wo man sich seiner bedienen will; dann hat man die beste und fruchtbarste Düngererde, die man für diese Cultur finden kann. Wenn wir eine mehr als ausreichende Quantität zur Bedeckung des Spargels haben, so verwenden wir den Ueberschuß zur Füllung der Beetgruben, denn es giebt keinen lockeren oder fruchtbareren Boden als diesen, und keiner von allen anderen, die wir bis jetzt bei der Spargelcultur in Anwendung gebracht, hat uns bis jetzt ähnliche Resultate geliefert. Durch diese Düngererde erhalten wir zwei Jahre nach der Pflanzung Spargel von 3 Zoll Umfang. Sie ist die allerzweckmäßigste, nicht bloß für den Spargel, sondern auch für eine Menge anderer Gewächse, für Gemüse, Blumen u. s. w. Unser Gegenstand erlaubt uns jedoch nicht, auf diesen Punkt weitläufiger einzugehen.

Was die gröbsten Theile betrifft, die man aus der Erde entfernt hat, so lassen wir dieselben, wenn wir neue Spargelbeete haben, zuunterst eingraben; haben wir jedoch keine neuen Pflanzungen anzulegen, so lassen wir sie, wie wir schon gesagt haben, wieder in die Grube werfen, damit sie vollends in Fäulniß übergehen und sich in Düngererde verwandeln, die dann das nächstfolgende Jahr gebraucht werden kann. Es liegt uns immer daran, sehr große Spargel zu ziehen, deßhalb geben wir uns so viel Mühe bei der Bereitung der Düngererde und des Bodens, deßhalb haben wir auch die Methode, auf einem größeren freieren Platze zu pflanzen, aufgegeben. Wir pflanzen jetzt nicht anders als in getrennten Beeten, die mit zwei oder höchstens drei Reihen versehen sind, und wenn wir mehrere Beete neben einander auf einem und demselben Lande anbringen, so tragen wir Sorge, sie in einer Entfernung von 9 — 12 Fuß von einander anzulegen. Auf diese Weise haben wir immer Spargel von großer Schönheit, wovon man sich durch die Besichtigung unserer Beete und ihrer Produkte, welche man Riesenspargel nennt, überzeugen kann. Die Wurzeln können sich unter solchen Verhältnissen rechts und links von den Beeten ausbreiten, ohne sich zu schaden und ohne sich ihre Nahrung streitig zu machen.

Diese Art des Spargelbaues scheint auf den ersten Blick ein wenig kostspielig zu sein; im Grunde genommen aber ist sie es weniger als die, welche viele Schriftsteller anrathen, die über diese Pflanze geschrieben haben. Mit Ausnahme von ein wenig Stallmist bereiten wir unsere Düngererde von lauter Dingen, die sonst in der Regel weggeworfen werden, so daß, im Grunde genommen, unsere Methode die allerwohlfeilste ist, die es geben kann, und man wird sich ohne Zweifel bewogen sehen, unserem Beispiele zu folgen, wenn man erwägt, daß man bei Befolgung unserer Vorschriften des Gelingens sicher sein kann, selbst dann, wenn man die Spargelcultur zum ersten Male unternimmt, und weil man nicht wie bei der zeitherigen Praxis genöthigt ist, vier Jahre zu warten, ehe man anfangen kann zu ernten. Sehr oft erzielten wir bei Befolgung der Vorschriften, die man uns gab, nur Spargel von $1\frac{1}{2}$—2 Zoll Umfang, die noch dazu die Ausnahme bildeten und die schönsten waren, die wir ernten konnten.

Ich will meine Methode keineswegs für die allerbeste ausgeben, denn ich habe von verschiedenen Seiten gehört, daß zu den Pariser Ausstellungen von mehreren Gärtnern sehr schöne Produkte in dieser Beziehung eingesendet worden waren; über ihre Stärke aber habe ich nichts Genaues erfahren, und ich zweifle, daß sie hierin die unserigen übertroffen haben. Jedoch, wie dem auch sei, die Reform ist im Gange und ich glaube, daß diese kleine Abhandlung, die nur das Ergebniß einer langen Reihe von Versuchen ist, die Bahn des Fortschritts öffnen und zur raschen Entwicklung dieser Cultur beitragen wird.

Wer viel Spargel zu pflanzen hat, ohne daß ihm eine hinreichende Quantität präparirter Erde zu Gebote steht, thut besser, wenn er seine Pflanzung erst in zwei oder drei Jahren beginnt, wo er dann die Gewißheit des vollständigen Gelingens hat, als wenn er auf die Gefahr des Mißlingens hin sein Unternehmen sogleich beginnt. Allerdings wird dadurch der Genuß um zwei oder drei Jahre hinausgeschoben, aber dafür wird man durch die schönen Produkte, auf die man dann mit Sicherheit hoffen kann, reichlich wieder entschädigt werden.

Sechstes Kapitel.

Das Pflanzen.

Wir nehmen an, daß die Beetgruben mit angemessen zubereiteter Erde bis auf ungefähr sechs Zoll vom Rande des Beetkastens gefüllt und glatt gerecht sind. Hierauf spannt man die Schnur einen Fuß weit vom Rande des Landes oder des Beetes. Wir haben schon gesagt, weßhalb wir den Beeten den Vorzug geben. Alle zwei Fuß machen wir einen kleinen, etwa zwei Zoll hohen Haufen von Düngererde, um die Pflanzen darauf zu bringen, und so fort auf der ganzen Länge des Beetes oder Platzes. Wenn die eine Reihe auf diese Weise fertig ist, steckt man die Schnur zwei Fuß weiter fort, um eine zweite Reihe anzufangen, wobei man Sorge trägt, daß die kleinen Erdhügel sämmtlicher Reihen im Verbande stehen. Wenn es ein Beet von sechs Fuß Breite ist, so legt man dann auch noch eine dritte Reihe an, worauf man zum Pflanzen schreitet — eine Sache, die durchaus nicht gleichgültig ist, und von welcher der Erfolg auf eine lange Zukunft hinaus abhängt.

Wir haben schon gesagt, daß das Pflanzen im Monat März oder spätestens in den ersten Tagen des April geschieht. Man hat auch gesehen, daß wir im Herbste des ersten Jahres die Spargelsaat unberührt gelassen haben. Jetzt jedoch gilt es, die jungen Pflanzen auszuheben, um eine Auswahl unter ihnen zu treffen und sie an den Ort zu bringen, wo sie ihre eigentliche Bestimmung erfüllen sollen.

Man versieht sich zu diesem Zwecke mit einer großen Gabel (Mistgabel), um die Pflanze in großen Klumpen herauszuheben, wobei man die größte Vorsicht gebraucht, um keine Wurzel zu zerreißen oder zu zerbrechen, worauf man behutsam mit den Händen die Erde von den Pflänzchen entfernt. Man hebt deren nicht mehr als etwa fünfzig auf einmal aus, um die Einwirkung der Luft auf die Wurzeln zu verhindern, deren Fasern vertrocknen würden und damit sie, so zu sagen, die Veränderung gar nicht gewahr werden. Bei der Auswahl der Klauen oder Setzlinge muß man sie genau untersuchen, und wenn trotz der beim Ausheben gebrauchten Sorgfalt eine Wurzel zerrissen, gequetscht oder sonst beschädigt ist, so muß man sie oberhalb der kranken Stelle mit dem Gartenmesser glatt abschneiden.

Bei der Untersuchung der Klauen (Setzlinge) liest man zugleich die schönsten und zum Verpflanzen geeignetsten aus und wirft die übrigen weg oder bringt sie 8 — 10 Zoll aus einander in eine abgesonderte Pflanzschule. Wenn sie zwei Jahre alt sind, kann man sie in ein Frühbeet bringen und zur Erzeugung von grünem Spargel verwenden. Die stärksten Setzlinge sind nicht immer die besten, besonders wenn sie mit einer Menge dünner, grauer Haarwurzeln versehen sind. Ebenso ist es mit denen, deren Wurzeln dünn, mager und sehr lang sind, ferner, wenn das Auge oder der Ansatz zu den neuen Stengeln sehr klein ist und bei genauer Besichtigung nicht zur Hoffnung auf einen starken Stengel berechtigt. Diese Art Setzlinge müssen weggeworfen oder auf die vorhin erwähnte Weise anderweit verwendet werden. Die Setzlinge dagegen, welche wenig, aber dicke, weiße, glatte und gutgenährte Wurzeln haben, selbst wenn sie nicht sehr lang wären, sind deßwegen nicht weniger gut; auch geben wir den Setzlingen den Vorzug, deren Auge stark ist und seiner Beschaffenheit nach einen kräftigen Stengel erwarten läßt.

Um unseren Lesern das, was wir soeben gesagt, begreiflicher zu machen, geben wir ihnen in Fig. 3 ein Bild von einem Mustersetzling, wie man sie beibehalten und in Fig. 4 eines von denen, die man verwerfen muß.

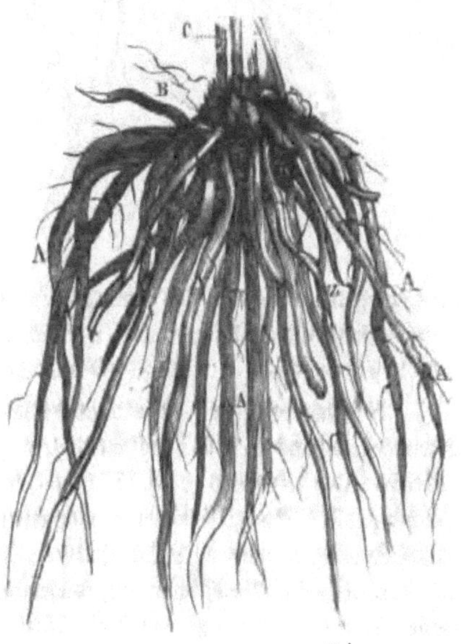

AAA (Fig. 3) sind die schon gut entwickelten Wurzeln;

Z ist eine Würzel, welche sich zu verlängern beginnt, und welche im nächstfolgenden Jahre ihre volle Kraft erlangt haben wird;

B ist ein Keim (das Auge)

oder Ansatz der künftigen Stengel, dessen Größe die des einstigen Stengels andeutet;

Bei C (Fig. 3) sieht man die Stumpfen der Stengel, die im ersten Jahre abgeschnitten worden sind.

Bei Betrachtung des Punktes B (Fig. 4) sieht man sogleich, daß

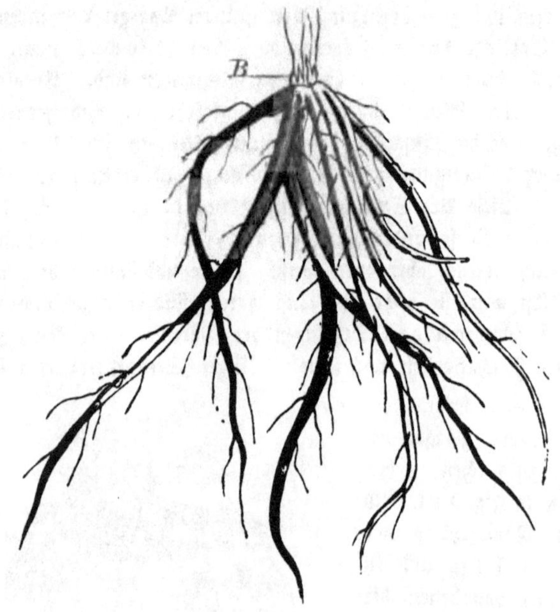

die Spargel, welche hieraus hervorgehen, schwach ausfallen werden. Aus diesem Grunde muß man, wie wir schon gesagt haben, die Setzlinge ausschießen, welche ein solches Ansehen haben.

Nachdem auf diese Weise unsere Wahl getroffen ist, können wir im Voraus fast sicher sein, nicht einen einzigen kleinen Spargel in unsern Beeten zu bekommen; deßhalb huldigen wir auch nicht der Methode, gleich in die Beete zu säen und möchten dieselbe ganz verbannt wissen, trotz der Rathschläge vieler Schriftsteller, die über diese Pflanze geschrieben haben und meinen, daß man auf diesem Wege ein Jahr gewinnen könne, wobei sie nicht bedenken, daß diese Methode den, der sie befolgt, in die unangenehme Lage versetzt, in seinen Beeten eine Menge kleine oder mangelhafte Spargel zu haben, während sie überdieß der nach unserem Verfahren bewirkten Pflanzung gegenüber, wenn diese mit der von uns angedeuteten Sorgfalt bewirkt wird, von gar keiner Zeitersparniß begleitet ist. Uebrigens darf man nicht vergessen, daß man, um eine schöne und gute Pflanzung anzulegen und einen vollständigen Erfolg zu erzielen, bloß einjährige, aber niemals zweijährige Setzlinge dazu verwenden darf; letztere taugen nur noch zur Anlegung von Treibbeeten, worüber wir später mehr sagen werden.

Wir legen ein außerordentliches Gewicht auf die Wahl der Pflanzen, denn selbst dann, wenn man gute Samenspargel hat, und trotz aller Vorsicht, die man bei der Ernte des Samens und bei dem Säen anwendet, giebt es immer eine ziemlich große Quantität Pflänzchen, welche kleine Spargel erzeugen und die deßhalb beseitigt werden müssen. Man begreift leicht, daß es, wenn man gleich an Ort und Stelle säet, nicht möglich ist, eine gute Auswahl unter den Setzlingen zu treffen; man muß nothgedrungen die gute und die schlechte Pflanze neben einander wachsen lassen und sich in die Unannehmlichkeit fügen, in einem Beete eine gewisse Quantität kleiner Spargel zu haben, was natürlich dem Züchter großen Schaden bringt. Alle, welche die Spargelcultur nach dieser Methode betreiben, werden bemerkt haben, daß man sehr oft einen Stock sehr starke Spargel erzeugen sieht, während ein anderer dicht daneben nur kleine liefert. Dies dauert natürlich so lange, als überhaupt die ganze Pflanzung dauert, weil es nicht möglich gewesen ist, unter den Setzlingen eine gute Auswahl zu treffen. Aus diesem Grunde verwerfen wir bei unserer Cultur das Säen an Ort und Stelle; denn trotz der Sichtung, die wir schon beim Lichten der Stecklinge vorgenommen haben, finden wir immer noch manche Pflanze zu beseitigen, wenn wir die Auswahl zum Verpflanzen treffen.

Wenn man eine gewisse Quantität Setzlinge ausgegraben und davon so viele ausgewählt hat, als nöthig sind, um eine Reihe zu pflanzen, so muß man sich mit dem Pflanzen derselben beeilen, damit sie nicht der in dieser Jahreszeit gewöhnlich sehr nachtheiligen Sonnenhitze ausgesetzt sind, welche der jungen Pflanze bedeutend schaden und sie durch Zerstörung eines Theils ihrer Fasern der ihr gerade zu dieser Zeit so nothwendigen Nahrung in bedeutendem Grade berauben würde.

Bei der Pflanzung geht man auf folgende Weise zu Werke. Man stellt einen Korb mit lockerer, auf die früher angegebene Weise bereiteter Düngererde neben sich. Hierauf nimmt man eine Spargelpflanze, welche man behutsam auf die kleinen zu diesem Zwecke gebildeten Hügel legt, wobei man an dem einen Ende, und zwar mit der ersten Reihe anfängt. Man breitet die Wurzeln rechts, links und nach allen Richtungen hin, wobei man darauf zu sehen hat, daß sie sich weder unter einander kreuzen, noch umbiegen. Diese Arbeit muß mit der größten Schnelligkeit ausgeführt werden. Wenn die Wurzeln auf diese Weise nach allen Richtungen hin ausgebreitet sind, hält man den Setzling behutsam mit der linken Hand und bedeckt ihn mit der rechten mit aus dem Korbe genommener Erde, wobei man Sorge trägt, daß keine Wurzel unbedeckt bleibt. Wenn diese darauf gebrachte Erdschicht das Auge und die Wurzeln etwa einen Zoll hoch bedeckt, so genügt dies für den Augenblick. Hierauf geht man zu einem zweiten Setzling über und so weiter bis an's Ende der Reihe 2c. des Beetes oder des Platzes, wobei man bei dem jedesmaligen Ausheben für eine Reihe darauf zu sehen hat, daß man eine sehr gewissenhafte und genaue Auswahl treffe und keinen Setzling pflanze, der aus irgend einem Grunde verdächtig erscheint. Es liegt hierin eine der Ursachen der großen Ungleichheit, die man zuweilen in einer sonst schönen Spargelpflanzung antrifft, nämlich kleine Spargel unter großen. Sehr oft bezieht man seine Pflanzen von Freunden oder Händlern, von welchen man sie ohne weitere Auswahl zugeschickt bekommt, so daß der Liebhaber auf diese Weise oft getäuscht wird. Es ist deßhalb sehr vortheilhaft, seine Pflanzen selbst zu ziehen, wenn man nicht betrogen *) sein will und wenn einem daran liegt, Beete zu bekommen, in welchen gleichförmig große und schöne Spargel wachsen; — man müßte denn im Voraus versichert sein, daß man durch die Person, an die man sich zu diesem Zwecke wendet, gut verwahrt wird.

Wenn ein Beet oder ein Platz auf diese Weise bepflanzt ist, schüttet man von der nach der angegebenen Weise bereiteten Düngererde eine

*) Das heißt in seinen Erwartungen, aber nicht eigentlich betrogen, weil man von dem Verkäufer nicht erwarten kann, daß er nur solche Pflanzen schickt, welche die oben angegebene Eigenschaft haben, und diese durch das Verschicken sehr leiden. A. d. H.

Quantität über das ganze Beet zwischen die Setzlinge, so daß sie zwei bis drei Zoll hoch damit bedeckt werden, wobei man sich wohl in Acht zu nehmen hat, daß man nicht auf die Klauen tritt, wodurch man sie leicht beschädigen könnte. Hierauf überzieht man das ganze Beet leicht mit dem Rechen.

Wenn man sich vollständig des Gerathens einer Spargelpflanzung versichern will, so muß man, sobald man das Beet mit dem Rechen geebnet hat, das ganze Beet etwa einen Zoll hoch mit dem besten Getreideboden (Landerde), den man sich verschaffen kann, bedecken, und man wird schon im ersten Jahre der Pflanzung Spargel von bewunderns-würdiger Kraft und auffälliger Größe bekommen. Das, was wir hier lehren, ist das Ergebniß einer langen Praxis, welches man noch nirgends aufgezeichnet findet. Wir bitten den Leser, nicht zu glauben, daß wir uns auf unsere Kenntnisse in dieser Beziehung etwas einbilden: wir geben unsere Vorschriften so, wie die Praxis sie uns gelehrt hat und machen nicht im mindesten Anspruch darauf, für die zu schreiben, die mehr davon wissen als wir, wohl aber für die, die sich selbst unterrichten und mit uns auf gleiche Stufe stellen wollen. Indessen können wir, ohne fürchten zu müssen, daß man uns der Uebertreibung beschuldige, sagen, daß noch kein Praktiker größere, stärkere und gleichförmigere Spargel erzielt hat, als die unseren sind.

Nachdem man die Spargel auf die eben angegebene Weise gepflanzt und bedeckt hat, braucht man während des Frühlings und Sommers sie nur noch von dem Unkraut, sowie dasselbe sich zeigt, zu befreien und das Beet von Zeit zu Zeit leicht mit dem Rechen zu überziehen, um den Boden immer recht locker und in gutem Zustande zu erhalten, wobei man darauf zu sehen hat, daß man die jungen Spargel in keinerlei Weise beschädigt. Während dieses ersten Pflanzjahres darf man durchaus keinen von den Spargeln abschneiden, wie stark sie auch schon sein mögen. Erst in dem Jahre nach der Pflanzung, das heißt im zweiten, fängt man an einige abzuschneiden, und zwar nur etwa vierzehn Tage lang, um den künftigen Ernten nicht zu schaden.

Wenn während des Frühlings oder des Sommers trockene Witterung eintritt, so ist es vortheilhaft, ja sogar nothwendig, die Spargel von Zeit zu Zeit gut zu begießen, um ihr Wachsthum zu beschleunigen, welches während des ersten Pflanzjahres nie zu rasch sein und nie genug angeregt werden kann.

Endlich wird man auch, was das Begießen betrifft, nicht warten, bis der Boden ausgetrocknet ist, nicht einmal auf der Oberfläche. Wenn man gar nichts versäumen will, um eine möglichst schöne Ernte zu erzielen, so muß man, wenn die Spargel eine Höhe von 16 — 20 Zoll erreicht haben, einen kleinen Stab neben jede Pflanze stecken und sie locker mit Bast anbinden, damit der Wind sie nicht umbreche, was großen Nachtheil zur Folge haben würde, weil entweder der Stamm splittert oder weil dadurch neue Triebe entwickelt werden, die für die Pflanze eben so viele Verschlechterungsursachen sind. Solche Fälle kommen sehr häufig vor, besonders in dem ersten Pflanzjahre, wo die Pflanzen nur von einer dünnen sehr lockeren Erdschicht bedeckt sind, welche dem Winde wenig Widerstand entgegensetzt. Ein Spargelfreund, der gern möglichst große Früchte ernten will, darf auch nichts vernachlässigen, was dazu beitragen kann, ihn an das Ziel seiner Wünsche zu bringen.

Im Laufe des Sommers muß man, so oft es geregnet oder ein Gewitter stattgefunden hat, sobald als der Boden wieder trocken ist, ihn leicht mit dem Rechen überhacken, damit die Oberfläche stets recht locker und in gutem Zustande bleibt, wodurch die Vegetation der jungen Spargelpflanzen ungemein angeregt wird.

Alle diese Arbeiten werden bis in den Herbst fortgesetzt und wenn die Spargel gelb zu werden beginnen, was gewöhnlich gegen das Ende des Monats October oder zu Anfange des Monats November geschieht, so muß man sie etwa zwei Zoll über dem Boden abschneiden, ohne sie zu brechen oder abzureißen, damit nicht die Ansätze zu den Trieben des nächsten Jahres beschädigt werden. Nach dieser Operation wirft man über das ganze Beet eine einen reichlichen Zoll hohe Schicht Mist, welchen man mittelst einer Gabel leicht mit der Oberfläche des Bodens vermischt. In diesem Zustande läßt man die Pflanze bis zum Monat März und bedeckt sie im Laufe dieses Monats an einem schönen Tage mit einer etwa zwei Zoll hohen Schicht von nach der angegebenen Weise präparirter Düngererde und ebnet sie mit dem Rechen. Kurz darauf, in den letzten Tagen des Monats oder zu Anfang April wird man die Spargel schön, groß und gut genährt sich überall zeigen sehen; zum größeren Vortheile der Pflanze aber darf man davon nur sehr wenig und höchstens vierzehn Tage lang abschneiden, um sie nicht zu schwächen.

Siebentes Kapitel.

Die Spargelernte.

Die Art und Weise, wie man die Spargel einsammelt oder abschneidet, ist nicht ganz gleichgültig. Es gehört dazu ein langes an der Spitze ein wenig gekrümmtes Messer, welches man ein Doppelspargelmesser nennt (Fig. 5).

Die Klinge A (Fig. 5) ist etwas über eine Linie stark und einen Viertelzoll breit, um der Erde möglichst wenig Fläche darzubieten.

Nur der Theil B ist scharf und halbrund wie ein Hohlmeisel.

Mit der Spitze entfernt man behutsam die Erde um den abzuschneidenden Spargel und geht so nahe als möglich an die Wurzel, indem man sich hütet, die in der nächsten Umgebung befindlichen zu verwunden oder sonst wie zu beschädigen. Hierauf stößt man den Spargel an dem Orte seines Entstehens ab und bedient sich dabei des Messers, wobei man sich in Acht nehmen muß, den Spargel in der Mitte zu biegen, weil er dann zerbrechen würde. Wenn der Spargel einigen Widerstand bieten sollte, so schneidet man ihn so nahe als möglich am

Stocke ab, ohne etwas zu beschädigen, worauf man die Erde wieder an an ihren Platz bringt.*)

Um einen Spargel abzuschneiden, warten wir, bis er einen reichlichen Zoll über dem Boden hervorragt; früher hat man Verlust und später wird der Geschmack ein wenig zu stark. Wenn man auf die Beete treten muß, um die reifen Spargel abschneiden zu können, so hüte man sich wohl, den Fuß auf einen Spargelstengel zu setzen, wodurch man Schaden erleiden würde, denn nur der Kopf ist eßbar und ein Spargel, welchem er fehlt, muß weggeworfen werden.**)

Wie bisher beschränkt man sich auch während der schönen Jahreszeit darauf, das Spargelbeet zuweilen mit dem Rechen zu überziehen, wobei man Sorge trägt, keinerlei Unkraut aufkommen zu lassen. Wenn man große Stürme fürchtet, so kann man ebenso wie das Jahr vorher die Pflanzen an Stäbe anbinden, weil sie in dem zweiten Jahre eine bedeutende Vegetationskraft besitzen und noch nicht genug mit Erde bedeckt sind, um sich allein zu stützen und der Gewalt des Windes zu widerstehen.

Im Herbste, wenn die Blätter gelb werden, schneidet man die Stengel etwa zwei Zoll oberhalb des Bodens ab, wie das vorige Jahr und so jedes Jahr. Unmittelbar darauf arbeitet man den Boden mit einer Düngergabel leicht um, was man auch so viel als möglich im Laufe des Winters bei Frostwetter thut, damit der Boden gleich gut bleibe, worauf man das Ganze mit einer 1½ bis 2 Zoll hohen Schicht Dünger-

*) Hier ist das Original unklar und spricht sich nur über das eine Messer aus. Die obere Figur ist ein Sägemesser, welches nicht so leicht stumpf wird wie eine glatte Klinge. Das zweite ist, wie schon erwähnt, eine Art Hohlmeisel. Man legt es so an den Spargel an, daß er in die Höhlung kommt, fährt damit am Stengel hinab bis zur gehörigen Tiefe und stößt den Spargel ab, wobei man ihn mit der linken Hand festhalten muß. Die Herausgeber der Abbildungen zu dem „Almanach du Bon Jardinier", Decaisme und Hérincq, welche dieses Messer ebenfalls abbilden, erklären es für unvollkommen und oft unbrauchbar. Ein besseres Spargelmesser bleibt also noch zu erfinden, und ich möchte den deutschen Spargelzüchtern keineswegs rathen, sich das Fig. 5 abgebildete anfertigen zu lassen. A. d. H.

**) Ich denke nicht, denn jede erfahrene Hausfrau weiß auch kopflosen Spargel gut zu benutzen. A. d. H.

erde bedeckt. Im nächstfolgenden Monat März lockert man den Boden mit einer Düngergabel und überstreicht dann das Beet mit dem Rechen. Dieses Jahr werden die Spargel einen sehr reichlichen Ertrag geben, und man kann eine umfassende Ernte halten, indem man jedoch darauf sieht, daß man nicht eher als bis gegen das Ende des Monats Mai schneidet, damit man den Pflanzen nicht schade und ihnen eine möglichst lange Zukunft sichere. Die Abwartung ist dann wieder dieselbe wie früher. Alle zwei Jahre füllt man eine etwa zwei Zoll hohe Schicht von verrottetem Mist mit ein wenig präparirter Erde auf, bis die Pflanzen ungefähr 7 Zoll mit Erde bedeckt sind, was im vierten Jahre der Fall sein muß.

Nun hält man eine reichliche Ernte bis zum 10. oder 12. Juni, aber niemals später, wenn man immer gute und große Spargel haben will. Auf diese Weise fährt man fort während der ganzen Dauer der Pflanze.

Da die Spargelklauen nach unten absterben und nach oben neue Wurzeln bilden und sich aus diesem Grunde fortwährend gegen die Oberfläche des Bodens erheben, so muß man sie alle drei oder vier Jahre mit einer Schicht präparirter Erde von ziemlich derselben Höhe, wie die Pflanzen nach der Oberfläche sich erhoben haben, bedecken, und zwar abgesehen von dem Dünger, den man ihnen alle zwei Jahre giebt. Man wird sorgfältig darüber wachen, daß der Kopf des Stockes immer mit wenigstens 6 bis 7 Zoll Erde bedeckt ist. Jedes Jahr überzieht man die Beete auf die von uns beschriebene Weise mit dem Rechen und läßt ganz besonders kein Unkraut aufkommen oder sich entwickeln.

Den Gebrauch, zwischen die Spargelreihen Gemüse zu pflanzen oder zu säen, wie man hier und da zu thun pflegt, verwerfen wir ganz und gar, denn dadurch werden sehr oft in wenig Jahren die schönsten Spargel, die man haben könnte, vernichtet, weil der Boden schon genug zu thun hat, wenn er die zahlreichen und langen Wurzeln dieses kostbaren Gewächses ernähren soll und daher unmöglich noch andere Pflanzen erhalten kann. Es ist dieß ebenfalls eine der Ursachen mittelmäßiger Ernten an Orten, wo man reichliche haben, und kleiner Spargel, wo man sehr starke haben könnte. Ich mache hier zugleich wiederholt darauf aufmerksam, daß man nur durch reichlichen Dünger seine Pflanze stark, kräftig und bei langer Dauer erhält. Wenn einmal das erste Pflanzjahr vorüber ist, so brauchen die Spargel, wenn nicht eine sehr große Dürre eintritt, nicht mehr begossen zu werden und je wärmer es ist, desto mehr treiben und produciren sie. Um nichts unerwähnt zu lassen, bemerken wir hier, daß man bei regnerischem Wetter sich hüten muß, auf den Spargelbeeten herumzugehen, nicht einmal zwischen den Pflanzen, weil die Erde dadurch schwer und klumpig wird. Hat man die Spargelpflanzung auf einem größeren Platze ohne Wege angelegt, die man bei der Ernte nothwendig betreten muß, so hat man sich wenigstens so viel als möglich in Acht zu nehmen. Es ist dieß ebenfalls einer der Gründe, weßhalb wir die Beete einem größeren Landstück vorziehen, weil man bei dem Beete zu jeder Zeit den Spargel schneiden kann, indem man darum herumgeht, ohne daß man einen Fuß darauf zu setzen braucht. Ein anderweiter Grund dieser Bevorzugung ist, daß die Spargel, wenn sie etwa zwölf Jahr alt sind, überall hervorzutreiben beginnen, wo es dann bei der Ernte sehr schwer ist, auf einem solchen Lande herumzugehen, ohne sich der Gefahr auszusetzen, trotz aller Vorsicht einige der Schößlinge zu zertreten. Oft ist ein Spargel im Aufschießen begriffen; wenn man auf dem Lande herumgeht, setzt man den Fuß darauf, zertritt ihm den Kopf und der Spargel ist verloren. Bei Beeten findet dieser Uebelstand nicht statt.

Die von uns angedeutete Pflege und Abwartung bleibt während der ganzen Existenz der Pflanze, welche, wenn sie nicht durch irgend eine Ursache zerstört wird, fünfundzwanzig bis dreißig Jahre dauern kann, jedes Jahr dieselbe. Die Spargelliebhaber, welche sich nach unseren Vorschriften richten, können, eben so wie wir, sicher sein, Spargel von drei Zoll im Umfange und noch mehr zu ernten. Für die, welche den Spargelbau als Erwerbsquelle betreiben, wäre es jedenfalls sehr vortheilhaft, wenn sie dabei nach unserer Methode verführen.

Ein uns bekannter reicher Mann wollte in der Spargelzeit ein Bündel ganz vorzüglich ausgewählte haben und man ließ ihn dafür vier und einen halben Thaler bezahlen. Ganz gewiß hätten vier solche Bündel von der Sorte, wie man sie gewöhnlich auf den Märkten findet, zusammen nicht mehr als drei Thaler gekostet, und jene Spargel waren, wie man uns versichert, noch nicht so schön wie die unseren. Ich fordere die Liebhaber sowie Die, welche den Spargelbau des Erwerbes wegen treiben und kein Zutrauen zu unseren Worten haben, auf, nur ein einziges Beet nach unserer Vorschrift anzupflanzen, und sie werden sich bald von der Richtigkeit unserer Behauptungen überzeugen.

Achtes Kapitel.

Die Saat an Ort und Stelle.

Wir haben die Uebelstände der Saat auf dem Platze in den vorstehenden Kapiteln schon so genügend hervorgehoben, daß wir eigentlich nicht nöthig hätten, hier nochmals darauf zurückzukommen. Wir wollen indessen wiederholt auf das Unzweckmäßige dieser Methode aufmerksam machen, die dem Liebhaber keinen Nutzen gewähren kann, weil wir aus Erfahrung wissen, daß der Samen trotz aller Sorgfalt, die man auf die Samenernte verwendet, immer eine gewisse Quantität kleiner Spargel erzeugt. Man findet in jedem Beete eine ziemlich bedeutende Anzahl Spargel von geringer Qualität, die weder für den Gebrauch in der Hauswirthschaft noch für den Verkauf Nutzen haben. Wir bemerken hierbei, daß die Cultur eines schönen Spargels nicht mehr kostet, als die eines minder guten, und trotz aller Abwartung und Sorgfalt würde der Liebhaber durch Anwendung der Saat an Ort und Stelle nicht einmal ein Jahr gewinnen; denn wir haben uns überzeugt, daß die gut aufgezogene und dann in eine angemessene Situation versetzte Pflanze schneller treibt als die, welche an Ort und Stelle geblieben ist. Da wir diese Methode aus unserer Cultur verbannen, so ist es eigentlich unnütz, das Verfahren dabei anzugeben, indessen wollen wir es doch thun, für den Fall, daß einer unserer Leser es versuchen wollte.

Nachdem man den Boden so zubereitet hat, wie um die jungen Setzlinge zu pflanzen, und nachdem man Sorge getragen, das Beet etwas weniger tief anzulegen, wie zu diesem letzteren Zwecke, nämlich bloß 5 bis 6 Zoll, spannt man die Schnur und macht, anstatt kleine Düngerhügel wie beim Pflanzen zu bilden, kleine Gruben von zwei und ein halb Zoll Tiefe und ein Fuß weit von einander entfernt, welche man mit neuem guten Dünger füllt. Wenn ein ganzes Beet auf diese Weise vorgerichtet ist, macht man in jede Grube mit geschlossener Hand eine kleine Vertiefung und säet zwei oder drei Körner hinein, worauf man das Beet in Ruhe läßt. Wenn trockene Witterung eintritt, so gießt man und das Unkraut wird entfernt, sobald es sich zeigt. Die Abwartung ist mit einem Worte bei der Saat am bleibenden Orte ganz dieselbe, wie beim Verpflanzen.

Wenn die Spargel aufgegangen sind und eine Höhe von $1\frac{1}{2}$ bis 2 Zoll erreicht haben, reißt man die weniger starken aus und läßt an jeder Stelle nur einen einzigen, nämlich den stehen, welcher am schönsten und stärksten zu werden verspricht. Trotz dieser Sichtung werden immer noch einige kleine Spargel in dem Beete zurückbleiben, weil selbst das geübteste Auge sich bei einer so jungen und zarten Pflanze täuschen kann. Während des Sommers widmet man der Pflanzung die angemessene Pflege, so wie wir sie bei den weiter zu verpflanzenden Spargelsetzlingen empfohlen haben. Im Herbste, wenn sie gelb geworden sind, schneidet man sie etwa einen Zoll tief unter dem Boden ab und bringt dann auf das ganze Beet eine zwei Zoll hohe Schicht zubereiteter Erde. Das nächstfolgende Jahr setzt man dieselbe Abwartung fort und behandelt die Spargel genau so wie die umgepflanzten. Erst im dritten Jahre darf man sich erlauben, einige abzuschneiden und dieß nur etwa vierzehn Tage lang. Aus dem, was wir hier gesagt haben, ersieht man, daß das Säen an Ort und Stelle keinen Nutzen bringt, und daß man bei diesem Verfahren trotz aller angewendeten Vorsicht nicht darauf rechnen kann, ein gleichförmiges Beet zu bekommen, denn es werden immer kleine und große Spargel durch einander gemischt sein.

Neuntes Kapitel.

Treiben des Spargels im Lande.

Man richtet wie bei der gewöhnlichen Cultur ein oder mehrere Beete von vier Fuß Breite und unbestimmter Länge vor; indessen müssen dieselben durchaus abgesondert und weit genug von einander entfernt sein, um die Abwartung im Winter nicht zu erschweren. Wenn man mehrere Beete zu gleicher Zeit zu dieser Cultur einrichten will, so darf man sie nicht weiter als einen Fuß von einander anlegen, weil dann eine Wärmevorrichtung für beide dient. Liebhaberei, die Mittel, die man darauf verwenden oder der Gewinn, den man daraus ziehen will u. s. w. geben hierin den Ausschlag. Bei dieser Cultur pflanzt man jedoch in viel engeren Zwischenräumen.

Nachdem man eine sorgfältige Auswahl unter den Setzlingen getroffen, pflanzt man im Laufe des Monats März bei schönem Wetter unter Beobachtung der schon angegebenen Vorsichtsmaßregeln, und verwendet dabei ebenfalls einjährige Pflanzen. Man bringt auf jedem Beete drei Reihen an, die einen Fuß von einander entfernt sind, und läßt auf beiden Seiten einen freien Raum von ½ Fuß, so daß das Beet drei Fuß breit wird, was bei dieser Cultur gerade hinreicht, damit die Wärme des Mistumsatzes ungehindert überall hindringen kann. Man pflanzt die Setzlinge in Reihen einen Fuß weit von einander. Sobald als das Beet bepflanzt ist, bedeckt man es mit Composterde auf die schon früher angegebene Weise und lockert das Beet im Laufe des Sommers ebenso wie das darauf folgende Jahr mit dem Rechen, so oft es nöthig ist. Im Nothfall gießt man u. s. w. und richtet sich hierbei genau nach den von uns ertheilten Vorschriften. Die so behandelten Spargel sind den dritten Winter nach der Pflanzung zum Treiben gut. Man kann diese Operation im Laufe des November oder auch später, je nach der Zeit, wo man Spargel zu haben wünscht, beginnen und damit bis einschließlich Februar fortfahren. Das hierbei einzuschlagende Verfahren ist folgendes:

Man öffnet zu beiden Seiten des Beetes, wenn man ein einziges, oder zwischen zwei Beeten, wenn man deren mehrere treiben will*), einen Graben von zwei Fuß Breite und $1\frac{1}{2}$ Fuß Tiefe, wobei man Sorge trägt, die ausgegrabene Erde ziemlich weit fort zu werfen oder sie anderswohin zu schaffen, um die Abwartung in keiner Weise zu hindern und damit man mit dem Miste bequem dazu kann. Fig. 7 stellt das Profil eines Beetes vor, welches bis auf das Mistlager fertig ist. AA sind

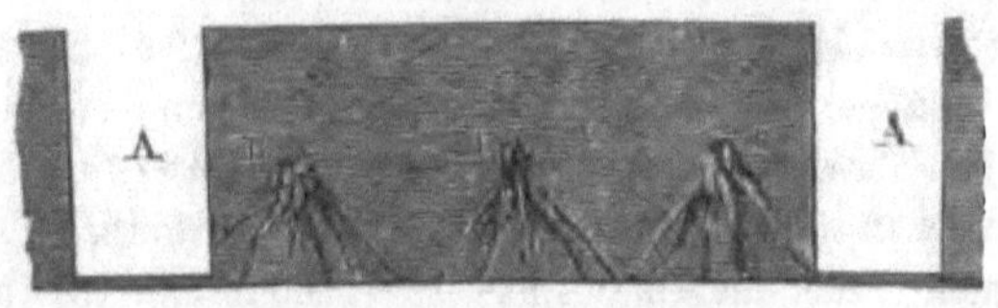

die Gräben, welche hier nur 15 Zoll breit und 15 bis 18 Zoll tief sind. BBB sind die Spargelstöcke, welche austreiben, sobald der Boden genug erwärmt ist.

Wenn die Gräben fertig sind, füllt man sie mit gutem, frischem, kräftigem Pferdemist, so wie man ihn zur Anlegung von guten Frühbeeten verwendet. Man breitet ihn aus und tritt ihn überall gleichmäßig fest, bis die Gräben voll sind, dann legt man Kästen von der Breite der Beete der ganzen Länge nach auf. Wenn man nur für die Hälfte eines Beetes Glasfenster zur Verfügung hat, so macht man nur auf dieser Hälfte Gräben. Die Zahl der Fenster, die man besitzt, entscheidet über die Länge der Gräben.

Die Kästen müssen so sein, daß sie aufgesetzt nicht mehr als 5 bis 6 Zoll hoch sind; dann legt man die Fenster auf. Es versteht sich hierbei, daß die Kästen und die Fenster in Uebereinstimmung mit der Breite der Spargelbeete gefertigt sein müssen, oder wenn man gewöhnliche Fenster von 4 Fuß Länge hätte und der Eigenthümer nicht ausdrücklich welche für die Spargel machen lassen will, so erhöht man die Mistlage bis auf 11 bis 12 Zoll, legt nach dem inneren Rande der Beete zu in der ganzen Länge des Mistlagers Fenster auf und läßt sie in diesem Zustande, bis der Mist sich erhitzt, worauf man den Mist auf

*) Es ist stets vortheilhafter, zwei Beete neben einander zu treiben, weil dann der mittelste Mistumsatz beide Beete zugleich erwärmt. A. d. H.

beiden Seiten um 7 bis 8 Zoll erhöht, indem man Sorge trägt, daß die äußersten Ränder der Fenster nicht unter den Mist zu liegen kommen, um sie, wo nöthig, aufheben zu können. Durch das Einsinken und Zusammenfallen des Mistes werden sich die Fenster dem Boden der Spargelpflanzung um 15 bis 18 Zoll nähern, wenn man aber eigens gefertigte Fenster hat, so legt man sie, wie ich schon gesagt habe, auf die Kästen und erhöhet gleichmäßig den Mist auf 11 bis 12 Zoll über die Fenster.

Wenn die Witterung sehr kalt ist und Frost eintritt, so ist es gut, den leeren Raum zwischen dem Boden und den Fenstern mit trockener Streu zu füllen. Dies trägt sehr viel zur Erwärmung des Mistes und zur Entwickelung der Spargel bei.*) Ist jedoch die Witterung gelind, wie dies zuweilen selbst im Januar der Fall ist, so wäre es zwecklos, Streu darein zu bringen. In dem einen wie in dem andern Falle werden die Spargel, wenn die Temperatur nicht zu kalt ist und der Mist sich sofort erhitzt, nach Verlauf von zwölf bis fünfzehn Tagen anfangen, zum Vorschein zu kommen, vielleicht auch ein wenig später, wenn die Witterung kalt ist und der Mist ein wenig längere Zeit gebraucht hat, um sich zu erhitzen.

Abgesehen von der trocknen Streu, mit welcher man das Innere der Fenster, wenn es stark gefriert, ausgefüllt hat, muß man sie auch noch mit Strohdecken zudecken, und wenn der Frost einen außerordentlich hohen Grad erreicht, selbst das Mistlager zudecken und die Strohdecken verdoppeln. Man muß überhaupt alle nöthigen Vorsichtsmaßregeln treffen, damit der Frost nicht in die Fenster dringe. Wenn Schnee fällt, so muß man Sorge tragen, daß er nicht darauf zerschmelze. Sobald er gefallen ist, nimmt man die Strohdecken eine nach der andern und schüttelt sie in einiger Entfernung davon ab. Sobald als die Spargel 12 oder 15 Tage nach der Anlage des Mistlagers anfangen, aus der Erde hervorzukommen, entfernt man die in die Rahmen eingeschlossene Streu, um die Ernte vornehmen zu können, wenn die Spargel lang genug sind.

---

*) Noch schneller geht das Treiben von statten, wenn man auch den Kasten mit Mist anfüllt, wodurch zugleich die Mistumschläge die Wärme länger halten. Man darf aber den Mist nicht über 8 bis 10 Tage liegen lassen, weil sonst der Spargel hineinwächst. A. d. H.

Ist dagegen die Kälte nicht zu hart und scheint die Sonne, so deckt man die Fenster auf, damit die Spargel während der größten Wärme des Tages einige Stunden Licht und Sonne genießen können, damit sie sich violett färben und man nicht lauter weiße bekommt. Man verschafft ihnen demnach so viel Licht als möglich und wird auf diese Weise eben so schöne Spargel bekommen, wie im Frühjahr.

Indessen muß man unausgesetzte Wachsamkeit üben, besonders wenn es stark gefriert; dann verdoppelt, ja verdreifacht man die Decken, um den Frost nicht in das Innere der Fenster eindringen zu lassen, wodurch die eben hervorbrechenden Spargel sofort ruinirt werden würden. Gut erwärmt und gut gepflegt treiben sie mit Macht, und man kann alle zwei bis drei Tage ernten, wenn man sie auf die oben angegebene Weise abschneidet, oder, wenn man eine hinreichende Quantität besitzt und gern jeden Tag welche auf dem Tische haben möchte, so kann man zur Hälfte ernten, das heißt, man schneidet einen Tag blos in der einen Hälfte der Beete und den andern Tag in der andern Hälfte. Auf diese Weise hat man alle Tage Spargel.

Das Mistlager ist ebenfalls sorgfältig zu überwachen, indem man es, sowie es sich setzt, wieder erhöhet; wenn es auf einer Höhe von ungefähr einen Fuß bleibt, kann man aufhören, neuen Mist aufzutragen. Wenn die Hitze abnimmt und nicht mehr hinreicht, um die Spargel in Fülle hervorzutreiben, so arbeitet man das Lager gänzlich um, aber blos eines auf einmal, und stellt es von demselben Miste mit der Hälfte neuen vermischt oder auch von ganz neuem, wenn der alte nicht mehr tauglich ist, mit möglichster Schnelligkeit und auf dieselbe Weise wie das erste Mal wieder her. Alle 6 bis 8 Tage erhöhet man die Mistumsätze, wie wir schon oben gesagt haben, und beginnt wieder von Neuem, so oft das Bedürfniß es erheischt. Es ist unmöglich, eine bestimmte Zeit zu dieser Arbeit festzusetzen. Man muß sich hierbei nach der Witterung und nach dem größern oder geringern Grade der Kälte richten.

Es giebt Zeiten, wo, ohne daß man den Grund angeben könnte der Mist einen Monat lang einen ziemlichen Grad von Wärme bewahrt während er andere Male bei derselben Temperatur seine Wärme nicht länger als vierzehn Tage bis drei Wochen behält. Man muß deßhalb die Lager alle Tage untersuchen und sobald man bemerkt, daß die Wärme sich vermindert und daß sie auf dem Punkt steht, ganz zu verschwinden, sie erneuern. Indessen muß man damit nicht warten, bis der Mist ganz kalt ist, denn in diesem Falle würde man eine Zeit lang der Ernte beraubt sein.

Ein gut erwärmtes und gut abgewartetes Spargelbeet kann zwei Monate lang Spargel liefern. Wenn man bemerkt, daß die Spargel an Stärke abnehmen, so muß man die Hitze vermindern, ohne die Umsätze von Mist zu erneuen, worauf man sie ausruhen läßt, das heißt, sobald ein Spargelbeet erschöpft ist und nichts mehr liefert, läßt man den Mist vollends erkalten und entfernt ihn dann gänzlich. Man nimmt die Fenster weg, um sie bei anderen Spargel- oder Gemüsebeeten zu verwenden, und nimmt die Erde, die man ein wenig weit fortgeworfen oder — was noch besser ist — eine gute neue Erde, mit welcher man die Gräben ausfüllt. Hierauf überzieht man das Beet leicht mit dem Rechen, bedeckt es mit einer 2½ bis 3 Zoll hohen Schicht guter Düngererde und läßt es in diesem Zustande, bis die Spargel von selbst wieder treiben und neue Pflege in Anspruch nehmen.

Wenn man den ganzen Winter hindurch Spargel ernten will, so muß man zu diesem Zwecke zwei Beete haben. Das erste dient dann von der Mitte November bis gegen Mitte Januar und das zweite von dieser Zeit an bis in den März. Um aber alle Winter so fortfahren zu können, muß man vier Beete haben. Man treibt dann jedes Jahr zwei, aber nicht einen und dieselben zwei Jahre hinter einander, damit man die Pflanzen schone und nicht zu sehr anstrenge. Es giebt Leute, welche ein Beet zwei Jahre hinter einander treiben und es im dritten ausruhen lassen, aber wir verwerfen diesen Gebrauch, weil er zu kleine Spargel liefert; die einzig richtige Methode ist, alle zwei Jahre zu treiben. Man hat hierbei darauf zu sehen, daß man im Laufe des Sommers in den Beeten, welche getrieben worden sind, keinen Spargel abschneide, damit man sie nicht zu sehr anstrenge und sie mit Erfolg alle zwei Jahre treiben kann.

Die getriebenen Spargelbeete, eben so wie die, welche bestimmt sind, es zu werden, bedürfen gleichmäßig des Rechens und Lockerns und ganz besonders eines guten mit etwas Tauben- und Schafmist vermischten Düngers, wobei man Sorge trägt, die Stöcke immer mit einer 7 bis 8 Zoll hohen Schicht guter leichter Erde bedeckt zu halten. Alle vier, fünf oder sechs Jahre nimmt man, wenn man bemerkt, daß die sie bedeckende Erde nicht kräftig genug mehr ist, eine starke Schicht davon bis nahe an die Wurzeln hin weg, aber ohne dieselben blos zu legen oder zu beschädigen, und ersetzt sie durch nach unserer Anweisung präparirte Erde. So lange jedoch die Vegetation nicht abzunehmen oder zu leiden scheint, ist es nicht nothwendig, den Boden zu wechseln.

Ich sagte vorhin, daß man zum Treiben des Spargels vier Beete haben müsse; im Nothfall sind jedoch auch zwei genug, wenn sie hinreichend lang sind und die Consumtion nicht sehr groß ist. Man wärmt dann auf einmal die Hälfte, was jeden Winter ein Beet giebt, und die andere das nächstfolgende Jahr, vorausgesetzt, daß man die Spargel nicht zum Verkauf bestimmt, denn in diesem Falle würde man so viel treiben als möglich, immer aber alle zwei Jahre.

Wenn man keine Fenster zu seiner Verfügung hat, so kann man deswegen immer einen Versuch mit dieser Kultur machen. Sobald die Mistlager hergestellt sind, versieht man das Spargelbeet mit einer guten Lage trockener Streu, welche man mit Strohdecken zudeckt, wenn es friert; so oft es aber regnet oder die Decke auf irgend eine andere Weise naß wird, vertauscht man sie mit einer anderen trockenen. Wenn die Spargel hervorkommen, nimmt man die Streu behutsam weg, um die Spargel abzuschneiden, worauf man die Streu schnell wieder darüber breitet, wobei man Sorge trägt, die Mistumsätze von Zeit zu Zeit zu erneuern, so oft das Bedürfniß es erheischt. Auf diesem Wege erhält man lauter weiße Spargel, die man jedoch ein wenig violett färben kann, wenn man sie bündelweise zwei oder drei Tage lang unter einer Glasglocke am Fuße einer südlich gelegenen Mauer der Sonne aussetzt, wobei man darauf zu sehen hat, daß man dies nur so lange thut, als die Sonne auch wirklich darauf scheint, weil der Frost ihnen sonst leicht schaden könnte. Viele Spargelliebhaber begnügen sich indessen auch mit lauter weißen und fragen wenig darnach, ob sie violett sind, wie im Sommer.

Zehntes Kapitel.

Die Spargelcultur in Frühbeeten.

Man treibt die Spargel in Frühbeeten, um sie mit weißer Sauce zu essen; am häufigsten aber baut man sie unter dem Namen grüner Spargel, um sie mit jungen Erbsen zu essen. Vom Monat November bis gegen Ende Februar legt man zu diesem Zwecke Mistbeete von 16 bis 20 Zoll Höhe und 3 bis 4 Fuß Breite an, je nachdem die Jahreszeit mehr oder weniger kalt ist, und von einer Länge, die sich nach der Quantität der Fenstern richtet, die man dazu verwenden will. Die Mistbeete werden auf gewöhnliche Weise von gutem Stallmist hergestellt, der den Pferden eine oder höchstens zwei Nächte zur Streu gedient hat, wobei man darauf zu sehen hat, daß man ihn wo möglich mit einem Drittel Laub vermischt. Diese Mischung giebt dem Mistbeet eine weniger starke Wärme, die aber dafür desto durchdringender ist und länger dauert. Wenn das Mistbeet fertig, geebnet und gestrichen ist, legt man die Füllung auf, bedeckt sie mit etwa zwei Zoll Düngererde, worauf man die Fenster auflegt.

In diesem Zustande läßt man das Beet, bis es erwärmt ist und bepflanzt werden kann. Zu diesem Zwecke hat man in einem andern Beete gute wenigstens zwei Jahr alte Setzlinge vorräthig. Man könnte zu diesem Zwecke auch die Spargelstöcke der alten Pflanzung verwenden, welche man zerstören will. Die jungen kräftigen Stöcke sind jedoch weit besser. Man hebt die Pflanzen mit einer Mistgabel aus, wobei man die Wurzeln möglichst schont und besonders sich hütet, sie zu zerreißen. Wenn man sie ausgehoben hat, so schlägt man behutsam die Erde von den Wurzeln ab, nimmt dann die Stöcke einen nach dem andern, faßt die Wurzeln zwischen den Fingern zusammen und schneidet mit einem Gartenmesser die äußersten Spitzen ab. Dann stellt man sie dicht neben einander auf das Mistbeet, so daß sämmtliche Köpfe eine und dieselbe Höhe haben.

Wenn auf diese Weise ein Fenster gefüllt ist, so bringt man behutsam ein wenig trockene Düngererde zwischen die Stöcke und die Wurzeln. Manche Gärtner thun dies nicht, wir aber unterlassen es niemals, denn es hält die Wurzeln besser aufrecht und hindert sie, allzuschnell zu faulen. Wenn ein Kasten auf diese Weise bis zum obersten Rande mit Düngererde gefüllt ist, legt man die Fenster auf, wobei man zu beachten hat, daß zwischen den Spargeln und den Glasscheiben noch so viel Raum bleibt, daß die erstern treiben können, ohne sich umzubiegen. Ein auf diese Weise vorgerichtetes Spargelbeet beginnt nach Verlauf von zehn bis fünfzehn Tagen, je nachdem es mehr oder weniger gut vorgerichtet ist, auszutreiben, und kann mehrere Wochen aushalten, wenn das Beet auf angemessene Weise abgewartet wird.

Die so behandelten Spargel werden sehr grün, sind aber schwach und können nur mit jungen Erbsen gegessen werden. Sobald ein solches Beet bepflanzt ist, muß man dafür sorgen, daß es alle Nächte gut mit Strohdecken zugedeckt wird und diese, wenn es sehr stark gefriert, sogar verdoppelt werden. Am Tage nimmt man sie bei schönem Wetter weg, um den Spargel so viel Licht als möglich genießen zu lassen, und damit er eine recht grüne Farbe annimmt. Wenn es während des Tages sehr kalt und der Himmel bedeckt ist, darf man die Strohdecken nicht wegnehmen, sondern muß im Gegentheile die Fenster gut bedeckt und geschlossen halten. Dasselbe ist der Fall, wenn es schneiet. So oft aber das Wetter leidlich schön ist, muß man die Decken wegnehmen, ohne jedoch der Luft deswegen Zutritt zu gestatten.

Diese Cultur beginnt im Monat November und dauert von Monat zu Monat nach dem Willen des Züchters bis gegen das Ende des Monats Februar fort. Im Jahre 1738 begann man zuerst Spargel für die Tafel des Königs zu treiben, wenigstens ist kein Anzeichen vorhanden, woraus sich schließen ließe, daß die Treibkultur beim Spargel schon früher in Anwendung gekommen wäre. Heutzutage hat jedoch diese Cultur eine große Ausdehnung gewonnen, und die Art und Weise, auf welche man sie ausführt, ist in den Einzelnheiten enthalten, die wir hier darüber geben. Um diese Cultur jedoch zu versuchen, muß man durchaus guten Mist und Fenster zu seiner Verfügung haben, ohne welche es vergeblich wäre, grüne Spargel im Winter haben zu wollen, weil trotz aller Sorgfalt und Vorsicht, die man darauf verwendete, diese

Kultur bei dem Mangel an den beiden genannten Erfordernissen immer unfruchtbar bleiben würde. *)

Eilftes Kapitel.

Frühcultur im freien Lande.

Es giebt noch ein anderes Mittel, die Spargel, nicht zu treiben, aber doch wenigstens vierzehn Tage eher zu erzielen, als durch die gewöhnliche Cultur im Freien. Man richtet zu diesem Zwecke längs einer der Mittagssonne ausgesetzten und von allen Seiten gut geschützten Mauer ein schmales Beet vor; gräbt es bis auf 14 Zoll Tiefe aus und füllt es mit einer Erde, die aus zwei Dritteln neuer Düngererde und einem Drittel guter Landerde, gehörig durch einander gemischt, besteht. Dieses Beet hat man so einzurichten, daß es sich stark abdacht. Wenn es bis zum Pflanzen fertig ist, macht man einen Bretverschlag von etwa 5 Zoll Höhe am Rande des Weges, während die der Mauer zunächst befindliche Seite eine Höhe von 5 bis 6 Zoll über den Boden hat, damit wenn man die Stöcke wieder von Neuem bedeckt, die Erde nicht auf den Weg rollt, und damit man ungehindert pflanzen und neue Erd- und Düngerschichten auftragen kann, bis die Stöcke wenigstens 7 Zoll hoch bedeckt sind.

*) Man kann dennoch die Fenster entbehren, wenn man blos die alten Spargelstöcke eines lückenhaften Beetes todt treiben will, anstatt sie wegzuwerfen. Man setzt dann die Stöcke auf die oben angegebene Weise auf eine dünne Erdschicht, und legt anstatt der Fenster Bretter oder Laden auf den Kasten, welche mit einer Lage Mist oder Streu, stark genug, um den Frost abzuhalten, bedeckt werden. So oft man Spargel stechen will, muß die Bedeckung entfernt werden, was allerdings umständlich ist. Die so getriebenen Spargel bleiben weiß, weil sie kein Licht bekommen, sind aber durchaus zart, und ich habe mehrmals solchen Spargel das Pfund mit einem Thaler bezahlen sehen. Auf diese Art können Spargelstöcke, die man sonst weggeworfen hätte, noch eine hübsche Summe einbringen, ohne Mistbeet. A. d. H.

Nachdem das Beet auf diese Weise vorgerichtet ist, bepflanzt man es mit einjährigen und auf die angegebene Weise ausgewählten Spargelsetzlingen. Man beginnt mit der ersten Reihe in einer Entfernung von etwa zwei Zoll von der Mauer, indem man die Klauen (Pflanzen) 1 Fuß von einander bringt. Die zweite Reihe pflanzt man 1 Fuß von der ersten entfernt und dann weiter eine dritte und vierte, so daß in einer Breite von drei Fuß vier Reihen sich befinden. Man bedeckt sie, wie es schon öfter gesagt worden, aber nur mit guter Düngererde und widmet ihnen die schon früher angedeutete Abwartung und Pflege.

Wenn die Spargel drei Jahr alt sind und der Monat Februar kommt, bedeckt man das Beet mit einer guten Lage trockener Streu, und wenn das Wetter schön ist und die Sonne scheint, nimmt man die Streu während des Tages weg, um sie am Abend wieder darauf zu bringen; im entgegengesetzten Fall läßt man das Beet auch am Tage bedeckt. Sobald die ersten Spargel zum Vorschein zu kommen beginnen, nimmt man die ganze Streu weg und ersetzt sie durch Strohdecken, die man am Tage, wenn es schön ist, wegnimmt und des Abends wieder auflegt. Die so gepflanzten und gut abgewarteten Spargel kommen reichlich 14 Tage bis 3 Wochen eher zur Reife, als die ganz im Freien gepflanzten.

Zwölftes Kapitel.

Die Samenernte.

Man mag den Spargel für die Bedürfnisse der Hauswirthschaft oder für den Verkauf bauen, so muß man, wenn man recht große Spargel ziehen — und darnach muß man vor allem trachten, weil es nicht mehr kostet und der Ertrag ein viel reichlicherer ist — und wenn man nicht betrogen sein will, seinen Samen selbst ernten und säen. Zu diesem Zwecke muß man eine besondere kleine Pflanzung anlegen und die Wahl der Stöcke, die man dazu bestimmt, mit besonderer Sorgfalt ausführen. Wenn trotz der darauf verwendeten Sorgfalt und

Vorsicht im zweiten Jahre einige darunter sein sollten, welche nicht die gewünschte Größe hätten, so muß man sie unverweilt ausreißen, denn es ist bei dem Samenbeet sehr wesentlich, daß man auch nicht eine einzige kleine oder mittelmäßige Pflanze stehen lasse, weil dann durch die natürliche Befruchtung ein Theil des Samens verschlechtert werden könnte. Man darf durchaus nur die behalten, welche von erster Größe sind.

Es ist dies ein wichtiger Punkt für die Samenernte, wie ich mich mehrmals überzeugt habe.

Die Art und Weise, auf welche man den Samen erntet, ist ebenfalls nicht gleichgültig. Man bedarf dazu ein kleines Beet von 20 bis 30 Spargelstöcken, eine Quantität, die für ein Haus, welches viel Spargel bedarf, hinreichend ist, wenn man nicht Setzlinge für den Verkauf zieht. In diesem Falle muß das Beet verhältnißmäßig größer sein. Wir haben von dreißig Stöcken mehr Samen und Setzlinge, als wir bedürfen. Beim Pflanzen läßt man zwischen den Stöcken einen Zwischenraum von wenigstens 2½ Fuß und pflanzt sie blos in zwei Reihen, die eben so weit von einander entfernt sind.

Dieses kleine Beet nimmt die allersorgfältigste Pflege und Abwartung in Anspruch. Es versteht sich von selbst, daß man diese Spargel natürlich und frei wachsen läßt, ohne jemals einen einzigen davon abzuschneiden. Diese Regel ist unverletzlich, und es beruht darin das Mittel, vortrefflichen Samen zu bekommen. Eben so versteht es sich, daß jede Pflanze ihre Stütze haben muß, damit sie nicht durch den Wind oder irgend eine andere Ursache umgebrochen werde, was der Blüthe und der Samenbildung schaden könnte.

Die schädlichen Käfer, von denen wir schon einmal sprachen, hat man sorgfältig zu überwachen, damit sie nicht ihre Eier auf die jungen Triebe legen. Wenn sie trotz dieser Vorsicht sich einiger Triebe bemächtigen sollten, um darauf ihre Eier abzusetzen, so muß man sie, sobald man sie bemerkt, mit den Fingern zerdrücken. Dadurch beugt man der Zerstörung der angegriffenen Stengel vor. Ueberhaupt muß man alles Mögliche thun, um alle Insekten und andere schädlichen Thiere zu vernichten und abzuhalten, weil man außerdem Gefahr laufen würde, seine ganze Samenernte einzubüßen.

Die Händler, welche Samen bauen und ihn säen, um die Setzlinge zu verkaufen, geben sich damit nicht die eigentlich erforderliche Mühe und liefern ihren Kunden die Setzlinge ohne irgend eine Auswahl. Dieß ist der Grund, weßhalb man in einer Pflanzung immer eine ziemlich bedeutende Quantität kleiner Spargel antrifft, obschon die jungen Pflanzen aus Gegenden bezogen worden sind, die wegen ihrer Spargelcultur in hohem Rufe stehen. Selbst dann, wenn man zu Samenpflanzen ausgesuchte Setzlinge hat und den Samen ebenfalls vor dem Säen nochmals sorgfältig auswählt, erzeugt derselbe immer noch kleine Stöcke unter den großen, und wenn man sicher sein will, guten Samen zu haben, so muß das Beet, von welchem man ihn erntet, wenigstens seit drei Jahren gepflanzt sein; dieß ist eine Thatsache, von welcher wir uns mehrfach überzeugt haben.

Wenn die Spargel auf diese Weise behandelt werden, so reift der Samen im Laufe des Monats October; man kann aber zur Ernte die ersten Tage des November abwarten, dafern er nicht ausfällt, denn er ist dann um so besser. Uebrigens pflücken wir ihn nicht ohne Unterschied, denn die Erfahrung hat uns gelehrt, daß er, auf diese Weise geerntet, zu viel kleine Spargel erzeugt; sondern wir pflücken die größten, bestgenährten und bestgeformten Beeren eine nach der andern. So würden wir z. B. die Beeren AA in Fig. 8, welche einen mit seinen Samenbeeren versehenen Spargelzweig vorstellt, nicht miternten. Eben so ernten wir niemals die an den äußersten Spitzen stehenden Beeren, denn die Erfahrung hat uns ebenfalls gelehrt, daß diese Samenkörner nur wenig Spargel von erster Größe erzeugen. Deßgleichen sammeln wir nicht

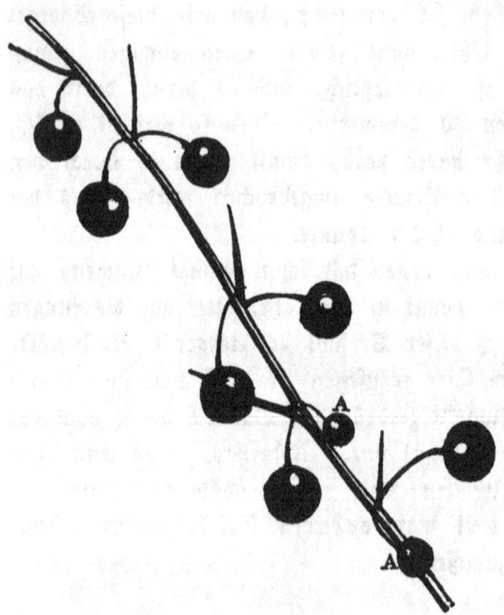

von den Stengeln, die so mit Beeren besetzt sind, daß sie ganz roth aussehen. Wir treffen vielmehr unsere Wahl an den Stengeln, die nur wenig Beeren tragen, und nehmen davon nur die größten, wie wir bereits bemerkten. Diese Methode ist allerdings ein wenig zeitraubend und mühsam, aber wir werden durch die große Zahl Stöcke erster Qualität, welche wir aus diesem Samen gewinnen, für unsere Mühe reichlich entschädigt, anstatt daß er, wenn man ihn ohne Unterschied einsammelt und eben so säet, Pflanzen erzeugt, von welchen man wenigstens das Drittel wegwerfen muß.

Wenn wir für unser Bedürfniß genug eingesammelt haben, so schneiden wir alle Stengel ab, ziehen die Stützen aus, widmen dem Beete die sonst nöthige Sorgfalt und düngen reichlich. Sobald wir die Beeren eingesammelt haben, werfen wir sie in irgend ein Gefäß und zerquetschen sie sorgfältig, um das Samenkorn von dem Fleisch der Beere zu scheiden. Nach dem Zerquetschen gießen wir eine hinreichende Quantität Wasser darüber, rühren es mit der Hand um und halten in dem Augenblick der größten Bewegung das Gefäß schief. Der größere Theil des Fleisches der Beeren schwimmt mit dem Wasser fort, während die Samenkörner auf dem Boden des Gefäßes liegen bleiben. Dieses Verfahren wiederholen wir ein- und wenn es nöthig ist auch zweimal oder überhaupt so lange, bis die Samenkörner vollkommen rein sind und von dem Fleische nichts mehr zurückbleibt. Hierauf läßt man die Samenkörner ein paar Stunden lang abtropfen und sodann vierzehn Tage lang an einem luftigen Ort auf Papier trocknen. Nach Verlauf dieser Zeit thut man sie, wenn sie recht trocken sind, in einen Papiersack und hebt sie zum Gebrauche auf. In diesem Zustande hält sich der Samen zwei oder drei Jahre ganz gut; wir ziehen es jedoch vor, neuen Samen zu säen, weil er kräftiger ist und die besten Pflanzen giebt. *)

*) Die hier empfohlene Sorgfalt beim Sammeln des Samens ist nicht genug hervorzuheben, denn hiervon hängt die folgende Generation ab. Für Jemand, der nur Spargel für den Hausbedarf zieht, ist es übrigens genug, wenn er 3 bis 6 Stöcke mit sehr starken Stengeln nicht sticht, die Stengel anbindet und nur die größten Beeren erntet. A. d. H.

Dreizehntes Kapitel.

Ueberblick des Vorhergehenden.

Das in den vorstehenden Kapiteln aus einander gesetzte Verfahren bei der Spargelcultur ist dasjenige, welches von uns in Ausübung gebracht wird und durch dessen Anwendung es uns gelungen ist, Spargel von dem größten Umfange zu erzeugen, die wir bis jetzt gesehen haben. Um aber zu gleichen Erfolgen zu gelangen, muß man die von uns zu diesem Zwecke ertheilten Vorschriften genau beachten und dieselbe Erde anwenden, wie wir; Blumenerde oder andere und selbst die Düngererde, die wir zu diesem Zwecke angewendet haben, haben uns nicht so glückliche Resultate geliefert, wie die Anwendung unserer präparirten Erden. Besonders empfehlen wir, wie wir schon mehrmals gesagt haben, die einzelnen Beete, gleichviel zu welcher Art der Cultur man sie bestimmt, denn es ist dieß wahrscheinlich eines der sichersten Mittel zur Erlangung des Produkts, welches man Riesenspargel nennt. Jeder Gärtner wird bemerkt haben, daß in einem ihnen zusagenden Boden die Wurzeln sich bis auf sechs Fuß zu beiden Seiten der Beete verlängern. Aus diesem Grunde kann man, wenn man sie auf ein größeres Stück Land zusammen pflanzt, nicht erwarten, daß man eben so große Spargel ernte, als wie in den Beeten, weil dann die Pflanzen eine auf Kosten der andern leben, was ein Jeder leicht begreift. Die Pflanzen werden bei der natürlichen Cultur in zwei Reihen und bei der künstlichen in drei Reihen gesteckt. Auf diesem letzteren Wege ernten wir gegenwärtig (15. Januar) seit einem Monat Spargel in Fülle und von großer Schönheit.

Obschon viele Schriftsteller über diesen Gegenstand den Rath geben, daß man sich zweijähriger Pflanzen bedienen solle, so huldigen wir diesem Verfahren bei unserer Cultur dennoch nicht. Wir halten es nicht für nöthig, daß man sich die Mühe gebe, zwei Jahre lang junge Pflanzen abzuwarten, wobei auch überdieß für die natürliche Cultur nichts gewonnen wird; wir sind vielmehr der Meinung, daß bei dieser Art und Weise zu verfahren, ein ganzes Jahr verloren geht. Wir haben fortwährend bemerkt, daß unsere mit einjährigen Setzlingen besteckten Beete immer schöner gewesen sind, als die von zweijährigen. Deßhalb rathen wir nicht zu dem Gebrauche der letztern und eben so wenig huldigen wir aus den bereits angegebenen Gründen dem Säen an Ort und Stelle.

Sollte indessen Jemand dabei beharren, nur zweijährige Setzlinge pflanzen zu wollen, so darf er doch die junge Saat nicht während dieser ganzen Zeit an einem und demselben Orte lassen. Nach Verlauf des ersten Jahres, im Monat März, muß man sie ausheben und die Pflanzen in einen präparirten Boden, wie wir schon gesagt haben, in einer Entfernung von 4 bis 5 Zoll von einander pflanzen. Diese Operation geschieht mittelst des Pflanzholzes; man steckt die Wurzeln in das gemachte Loch, ohne sie umzubiegen, so daß der Kopf des Stockes etwa $1\frac{1}{2}$ Zoll unter den Boden kommt, worauf man, nachdem man die jungen Pflänzchen auf diese Weise sämmtlich wieder untergebracht hat, sie etwa einen Zoll hoch mit Düngererde bedeckt. Während der schönen Jahreszeit widmet man der Pflanzung die erforderliche Sorgfalt, und am Ende des Jahres wird man sehr große Spargelklauen haben, die man mit Ballen ausheben und im nächstfolgenden Monat März an die bleibende Stelle bringen kann. Wir sagen es indeß nochmals, es wird bei diesem Verfahren nur Zeit verloren und nichts gewonnen. Man sollte es deßhalb nur in dem Falle anwenden, wo man vielleicht junge Pflanzen hat, die man nicht verderben lassen will und gleichwohl in Folge irgend eines besonderen Umstandes nicht gleich unterbringen kann, weßhalb man sie für das folgende Jahr aufhebt.

In der Wahl der Setzlinge haben wir die größte Sorgfalt empfohlen, weil wir aus eigener Erfahrung wissen, daß ungemein viel darauf ankommt. Von hundert Setzlingen, welche wir auswählen, mißrathen höchstens fünf oder sechs; die andern werden sämmtlich sehr stark. So oft wir aber ohne Auswahl gepflanzt haben, ist wenigstens ein Drittel mißrathen. Eben so haben wir uns überzeugt, daß unter allen, welche wir ausschießen, nicht der vierte Theil geräth, und man sieht daher, daß eine gute Auswahl unbedingt nothwendig ist, wenn man schöne Produkte haben will. Den Ausschuß bringen wir wieder in ein Beet, um die Pflanzen zwei Jahre später zur Treibcultur im Frühbeete zu benutzen und grünen Spargel für den Winter zu erzeugen. Eben so darf man nicht vergessen, daß für eine schöne Spargelzucht der Boden die erste Grundlage ist, und daß, wenn der Boden nicht passend ist, man selbst bei der sorgfältigsten Auswahl der Pflanzen stets mittelmäßige Produkte und niemals deren von erster Qualität haben wird.

Ferner haben wir auch seit einer Reihe von Jahren die Ueberzeugung gewonnen, daß der Boden, der uns stets die schönsten Produkte liefert, der ist, welchen wir für die natürliche Kultur empfehlen. Wir wollen deßwegen nicht behaupten, daß man nicht auch von anderen fetten und leichten Bodenarten befriedigende Resultate gewinne. Wir haben von diesen Bodenarten mehrere, die uns Spargel von erster Größe liefern; niemals aber haben wir schönere gehabt als die, welche wir in der von uns beschriebenen präparirten Erde bauen, und niemals haben wir bis jetzt schönere gesehen, als die unseren, was uns wenigstens für den Augenblick beweist, daß unsere Cultur ihren Culminationspunkt erreicht hat.

Wenn man auf irgend einem Terrain eine Spargelpflanzung anlegt, so hat man darauf zu sehen, daß auf dieser selben Stelle seit wenigstens fünfundzwanzig Jahren kein Spargel gebaut worden ist, weil sonst in wenig Jahren die neue Pflanzung zu Grunde gehen würde, es wäre denn, daß man den ganzen Boden wechselte. *) In einem Boden, auf welchem schon Spargel gebaut worden, gedeiht er erst nach einer langen Reihe von Jahren wieder.

Bis zum siebenten oder achten Pflanzungsjahre erreicht der Wurzelstock des Spargels nur die Länge von einem Fuß, verlängert sich in schiefer Richtung und erhebt sich dabei immerwährend gegen die Oberfläche. Sowie dieser unterirdische Stamm sich verlängert, entstehen neue Wurzeln an dem oberen Ende unterhalb des Kopfes oder am Fuße der Stengel, während die alten verwelken, so daß ein Spargelstock immer jung ist und seine ältesten Wurzeln nicht mehr als drei Jahre zählen.

---

*) Eine solche lange Bodenruhe findet in der Land- und Forstwirthschaft nicht ihres Gleichen, und es liegt kein Grund vor, weßhalb der Boden gerade beim Spargel so lange Zeit brauchen soll, um wieder neue Kräfte zu bekommen. Ich bin überzeugt, daß man schon nach 10 Jahren auf demselben Lande wieder guten Spargel ziehen kann, zumal da bei jeder Neuanlage der Boden zum Theil frisch herbeigeschafft wird. A. d. H.

Das Wenige, was nach Verlauf dieser Zeit davon zurückbleibt, taugt nicht zur Ernährung der Pflanze, die nur durch die ein- und zweijährigen bewirkt wird. Selbst die zweijährigen haben schon einen Theil ihrer Lebenskraft verloren, und es sind eigentlich nur die einjährigen, welche die reichliche Nahrung, deren die Pflanze bedarf, aufsaugen und übermitteln.

Nach ungefähr sieben oder acht Jahren theilt sich die Pflanze in mehrere unterirdische Stämme, die aber mit dem ersten stets in einer Richtung bleiben und immer nach der Oberfläche emporstreben, so daß, wenn ein Beet mit sieben Zoll Erde bedeckt ist und man es in diesem Zustande ohne wieder aufzufüllen fortcultivirt, nach Verlauf von etwa zehn Jahren das obere Ende des unterirdischen Stammes die Oberfläche des Bodens erreichen und damit der Ertrag aufhören würde. Deßhalb empfehlen wir, die Beete alle zwei bis drei Jahre mit einer neuen Erdschicht zu versehen, damit das obere Ende der unterirdischen Stengel immer mit 6 bis 7 Zoll Boden bedeckt ist. So wie die unterirdischen Stengel aufwärts steigen und an dem oberen Ende stark werden, welkt das untere Ende oder bildet, besser gesagt, lange todte Stümpfe, welche mehrere Jahre dauern, ehe sie verwesen. Nach Verlauf von 15 oder 20 Jahren füllt ein gut gepflegtes Spargelbeet beinahe den ganzen Platz aus, so daß es ziemlich schwer ist, genau zu sagen, wo man die Setzlinge gepflanzt hat. Ich glaube, daß es, wenn man Sorge trägt, ein Spargelbeet jedes Mal, wo das Bedürfniß es erheischt, wieder aufzufüllen und wenn man aufhört, jedes Jahr in den ersten Tagen des Juni zu ernten, möglich wäre, eine Spargelpflanze vierzig Jahre dauern zu lassen; es ist mir aber noch nicht möglich gewesen, diesen Umstand in Gewißheit zu stellen.

Ein Spargelstock, der einmal angefangen hat zu tragen und gehörig gepflegt wird, kann alljährlich fünfzehn bis zwanzig Spargel von erster Größe erzeugen. Wenigstens ist dieß die Anzahl, welche unsere Culturen hervorbringen, und wenn es mittlere sind, so erzeugt er wenigstens das Doppelte. Es bedarf aber viel Dünger und langen Harrens, ehe man anfangen kann zu genießen. Ist man indessen einmal an dem ersehnten Punkte angelangt, so wird die Ernte sehr einträglich, wenn man sie zum Verkauf bestimmt, besonders wenn man in der Nähe einer größeren Stadt wohnt.

Ich habe irgendwo gelesen, daß Haideerde sich ganz vortrefflich dazu eigene, guten Spargel zu ziehen, was sich aber durch die von mir angestellten Versuche durchaus nicht bestätigt hat. Da ich dieß mit vieler Bestimmtheit geschrieben sah und Haideerde zu meiner Verfügung hatte, so zweifelte ich nicht an dem Erfolge und ging in die Schlinge. Ich besaß einen sehr schönen Spargelplatz, der des Auffüllens bedurfte. Indem ich das, was ich gelesen und woran ich fest glaubte, in Anwendung brachte, ließ ich meinen Spargelplatz 2 bis 2½ Zoll hoch mit Haideboden überfahren, und zwar während des Frostes im Winter. Im nächstfolgenden Frühling zeigten sich die Spargel schön und reichlich und blieben so während der ganzen Zeit der Ernte, aber es kam auch nicht ein einziges Grashälmchen zum Vorschein. Im Monat August — sei es nun daß die Säure, welche die Haideerde enthält, durch den Regen bis auf die Wurzeln heruntergeschwemmt worden, sei es, daß beim Abschneiden der Spargel Haideboden auf die obere Spitze des unterirdischen Stammes gekommen war, oder daß die Insekten, besonders die Würmer, durch ihre unterirdischen Kanäle ein wenig von dieser Erde auf die Wurzeln gebracht, oder auch in Folge aller dieser Ursachen zusammengenommen — kurz, im Monat August, sage ich, bekam meine Pflanzung ein leidendes Ansehen, die Stengel wurden nicht so hoch wie gewöhnlich und vergilbten ein wenig. Mehrere waren sogar, der Natur dieser Pflanze ganz zuwider, schon im Monat September abgestorben. Gegen Ende October waren sie ganz dürr. Ich ließ sie abschneiden wie gewöhnlich und dann ward der Boden meiner Gewohnheit nach leicht umgearbeitet. Im Frühjahr war meine Täuschung groß, denn ich sah nur hier und da einige kleine Spargel kümmerlich hervorsprossen. Ich dachte sogleich, daß ich, verführt durch die Theorie, die ich in Ausführung zu bringen versucht, um meine schöne Pflanzung gekommen sei. In der That, sobald der Platz umgegraben war und die Haideerde mit den Wurzeln in Berührung kam, gingen diese größtentheils ein, und meine schöne Spargelpflanzung war auf nichts reducirt. Da ich mich dabei noch nicht beruhigen wollte, so unternahm ich noch einige andere ähnliche Versuche, die alle dasselbe Resultat zur Folge hatten.

Ich erzähle diese Thatsache, die, wie ich so eben gesagt habe, nicht die einzige dieser Art ist, damit, wenn diese selbe Empfehlung, welche mich getäuscht, irgend einem anderen Gärtner oder Spargelfreund vor die Augen kommen sollte, er nicht versucht werde, ihr Glauben beizumessen und in meinen Irrthum zu verfallen, weil er dann dieselbe Täuschung erfahren würde. Man wird sich erinnern, daß wir wohl ein wenig Haidesand auf unser Spargelbeet bringen, aber nicht Haideerde. Wenn man Taubenmist zu seiner Verfügung hat und gegen Ende Februar oder zu Anfang März davon eine Schicht von ein Viertelzoll Stärke auf die Spargelbeete bringt und sie mit einer Gabel hineinarbeitet, so giebt das den Spargeln bedeutende Kraft. Sie kommen rascher und reichlicher aus der Erde, und selbst wenn man aufhört zu ernten und sie sich selbst überläßt, erheben sich die Stengel sehr rasch, werden sehr kräftig und nehmen eine bräunlich grüne Farbe an. Dieser Dünger aber dauert nur das Jahr hindurch, und man muß ihn deßhalb alle Jahre erneuen, ohne deßwegen anderen Dünger, wie z. B. guten Stalldünger, wegzulassen. Wir haben schon gesagt, daß die Spargeln niemals besser gedeihen, als wenn sie gut abgewartet und gut gedüngt werden. Man kann auch alle Jahre eine etwa ein Drittelzoll hohe Schicht ausgelaugte Asche darauf streuen; diesen Dünger lieben sie sehr, und er ist ihnen sehr zuträglich.*) Abgesehen von dieser Asche sind die fetten und saftigen Dünger die, welche immer die meiste Wirkung äußern, wenn man alle zwei Jahre eine tüchtige Schicht darauf breitet, nachdem man sie vorher im November oder im Laufe des Winters gut umgearbeitet, wobei man Sorge trägt, den Dünger Anfang März mit einer Gabel in den Boden zu bringen. Der Gartenfreund, dem daran liegt, schöne und reichliche Produkte zu erzielen, braucht sich nur ganz genau nach unseren Vorschriften zu richten. Er kann überzeugt sein, daß dabei keinerlei Charlatanismus obwaltet, sondern daß sie das Ergebniß einer seit länger als fünfundzwanzig Jahren befolgten Praxis sind, die uns immer reichliche und schöne Produkte geliefert hat. Wir haben schon gesagt, daß man zur Spargelzucht viel Dünger zu seiner Verfügung haben müsse, denn diese Pflanze ist sehr lüstern darnach.

*) Von ungemeiner Wirksamkeit ist auch guter Guano, besonders wenn er mit Kochsalz oder einer geringeren Menge Chilisalpeter angewendet wird. Man hat ihn bisher nur vom Juli bis September flüssig angewendet, ich glaube aber, daß er im Frühjahr noch wirksamer ist. Man nehme aber nur sehr schwache Portionen auf einmal. A. d. H.

Mann kann sich darüber nicht wundern, wenn man bedenkt, daß sie eine große Menge langer Wurzeln und sehr starker Stengel treibt, und daß sie folglich einer großen Quantität Dünger bedarf. Ebenso haben wir gesagt, daß sieben Zoll Erde die stärkste Schicht sei, die man auf die Wurzeln bringen dürfe; man wird daher Sorge tragen, diese Stärke nicht zu überschreiten, weil sonst die Spargel nicht mehr so stark kommen würden. Man wird den Grund dieses Rathes leicht begreifen, wenn man bedenkt, daß alle Wurzeln in horizontaler Richtung treiben und immer nach der Oberfläche des Bodens streben, um die Luft zu suchen und aufzunehmen, deren sie zu ihrer vollständigen Entwickelung bedürfen, sowie zur Ernährung und Erhaltung ihrer zahlreichen unterirdischen und oberen Theile.

Viele Personen, selbst Praktiker, schneiden ihre Spargel bis zu Johannis und selbst bis in den Monat Juli, aber sie thun daran sehr unrecht, denn bei diesem Verfahren verlieren die Spargel nach Verlauf von 12 oder 14 Jahren ihre Stärke, man erntet nur noch mittlere, dann kleine, dann gar nichts, so daß die Pflanze, anstatt dreißig Jahre zu dauern, schon mit fünfzehn abgenützt oder gänzlich ausgesogen ist. Eben so wenig huldigen wir der Methode, Gemüse zwischen die Spargel zu säen, weil, wie wir schon bemerkt haben, der Boden, in den sie gepflanzt sind, schon genug zu thun hat, diese zu ernähren, aus welchem Grunde man gar nichts, nicht einmal die kleinsten und genügsamsten Pflanzen dazwischen säen oder pflanzen darf. Der Spargelfreund, dem daran liegt, sehr schöne Spargel zu haben, und welcher wünscht, daß seine Pflanzung lange dauere, darf nach den ersten vierzehn Tagen des Monats Juni nicht mehr stechen, von welcher Art das Wetter auch sei, und wie lange auch die Produktion schon gedauert haben möge. Wenn das Ende des Winters gelind gewesen ist, so fangen die Spargel schon zuweilen Ende März an sich zu zeigen; die Zeit aber, wo sie am meisten geben, ist der Monat Mai. Zu dieser Zeit sind sie auch auf den Märkten am wohlfeilsten, während sie sonst, besonders im Winter, sehr theuer sind.

Wie es scheint, ißt man in Deutschland und in Belgien nur weiße Spargel. Aus diesem Grunde wird es nothwendig, sie abzuschneiden, ehe sie noch aus der Erde kommen, was ziemlich schwierig ist. In Frankreich schneidet man sie violett und folglich, wenn sie schon über einen Zoll aus der Erde hervorragen. Die weißen Spargel sind fad und haben nicht den entschiedenen Geschmack der violetten Spargel oder solcher, die abgeschnitten worden, wenn sie schon aus der Erde hervorragen.

Abgesehen von den Spargelbeeten muß man auch noch auf beiden Seiten einen Raum von sechs Fuß Breite reichlich düngen, denn die Wurzeln erstrecken sich bis zu dieser Entfernung. Der Spargel gedeiht überall, vorzugsweise aber in einem leichten, kräftigen Boden in guter südlicher Lage, die gegen Norden und gegen die Westwinde geschützt ist.

Der Spargel ist ein sehr zartes, leichtverdauliches Gericht; man ißt ihn auf verschiedene Art zubereitet, mit weißer Sauce, mit Essig und Oel, mit jungen Erbsen u. s. w. Man verordnet ihn Genesenden, Brustkranken, alten Leuten und Allen, die an Magenschwäche leiden. Die Wurzel dieser Pflanze ist harntreibend.

Die wegen ihrer Spargelcultur am berühmtesten Orte sind Marchiennes, Mons, Strasburg, Ulm u. s. w. Die Gegenden aber, welche sich dieses Rufes erfreuen, haben wahrscheinlich, wie wir schon gesagt, einen dieser Pflanze sehr zusagenden Boden, oder das Klima ist ihr besonders günstig; am wahrscheinlichsten aber dünkt mir, daß man diesen Ruf auf Rechnung der Sorgfalt und Vollkommenheit bringen muß, womit die Gärtner dieser Gegenden die Ernte des Spargelsamens bewirken, sowie sich auch voraussetzen läßt, daß sie den Boden für die Saat gut vorrichten, die Cultur geschickt handhaben und ihren Ruf zu erhalten wünschen.

Vierzehntes Kapitel.

Verpackung und Transport der Pflanzen.

Man behauptet, daß die zweijährigen Pflanzen sich weit besser versenden lassen, als die einjährigen. Dieß kann vielleicht wahr sein, wenn man sie ohne Ordnung und ohne Vorsicht, wirr durch einander geworfen, in einem Korbe verschickt oder empfängt, weil die zweijährigen härter und weniger zerbrechlich sind, als die einjährigen. Ich habe deren empfangen, die in Paketen von 25 Stück fest zusammengebunden waren; die Köpfe waren einer wie der andere nach einer und derselben Seite gewendet und sämmtliche Pakete in einen mit etwas Heu ausgefütterten Korb gepreßt. Darin bestand die ganze Emballage. Der Druck war so groß gewesen, daß die Wurzeln zur Hälfte dicht unter der Pflanze abgebrochen waren. Man begreift leicht, daß wenn es sich hier um einjährige Setzlinge gehandelt hätte, der größere Theil der Wurzeln gänzlich von dem Mutterstock abgelöst worden wäre.

Ein andermal hatte ich Spargelpflanzen in Paris bestellt; ich empfing sie in einem Korb auf einander gehäuft, ohne Ordnung und ohne Auswahl, so wie man sie, nachdem man sie gezählt, vom Boden aufgehoben hatte. Dießmal — und es war das letztemal, daß ich deren kommen ließ — pflanzte ich sie, weil mein Terrain dazu in Bereitschaft gesetzt war. Nur die Hälfte davon kam zum Treiben, und auch diese waren sehr schwächlich, so daß ich das nächstfolgende Jahr die ganze Pflanzung erneuern mußte. Allerdings muß ich gestehen, daß ich für das Hundert nicht mehr als 2 Francs 58 Cent. zu bezahlen brauchte, aber deßwegen war ich doch betrogen.

Wenn man aber, sobald man Spargelpflanzen weit zu versenden hat, die Vorsicht gebraucht, sie unmittelbar darauf, nachdem man sie sorgfältig ausgehoben, in leichte Kisten oder in gute Körbe zu verpacken, und wenn man Sorge trägt, sie in ein wenig feuchtes, aber durchaus nicht nasses Moos zu setzen, wobei man die Wurzeln so ordnet, daß sie sich weder reiben noch zerbrechen können, und die Köpfe so, wie sie zu stehen kommen, wenn man sie pflanzt, so kann man sie sehr weit versenden, ohne daß sie den geringsten Schaden erleiden. Ich habe so verpackte Pflanzen einen ganzen Monat lang im Freien stehen lassen, und als ich sie auspackte, waren sie noch so frisch, als ob sie eben erst aus der Erde kämen; auch gediehen sie vollkommen gut.

Es ist für einen Spargelfreund eine arge Täuschung, wenn er sich Spargelpflanzen aus einer fernen Gegend kommen läßt, wenn er alle nöthigen Kosten aufwendet, um seinen Boden vorzurichten, sich beim Pflanzen alle mögliche Mühe giebt und dann trotz aller seiner Sorgfalt eine Anzahl fehlschlägt. Ganz gewiß häte er sie lieber ein wenig theuerer bezahlt, dafern nur die ganze Pflanzung gut gerathen wäre. Die Verpackung ist daher von großer Wichtigkeit für den, welcher seine Spargelpflanzen von auswärts kommen läßt, und man kann auf diese Operation nie genug Sorgfalt verwenden. Allerdings muß der Verkäufer seine Rechnung finden, der Käufer aber auch. Eine gute Emballage sichert den Verkauf des Händlers und die Zufriedenheit des Pflanzers, sie gewinnen dabei alle beide. Wenn man die hier von uns empfohlenen Vorsichtsmaßregeln anwendet, so kann man ohne Furcht einjährige Setzlinge sehr weit versenden, ohne daß eine Verletzung derselben zu befürchten stünde.

Fünfzehntes Kapitel.

Die Feinde der Spargelpflanzen.

1. Spargelhähnchen oder Spargelkäfer
(Crioceris asparagi und duodecim punctata).

Der Spargelkäfer richtet, wie ich schon in einem früheren Kapitel bemerkt habe, großen Schaden an, besonders unter dem jungen Spargel. Dieser Schaden wird indessen nicht sowohl durch das Insekt selbst, als vielmehr durch dessen Larve verursacht. Das Insekt setzt seine Eier um die Spargeln herum an, wenn sie noch jung, oder an dem äußersten Ende der Stengel, wenn sie schon groß sind. Diese gefährlichen Insekten besitzen in dieser Beziehung einen ganz besonderen Instinct. Nur selten wählen sie die harten oder holzigen Theile des Spargels, sondern setzen ihre Eier ganz symmetrisch auf die zarten und saftigen Stellen, damit die auskriechenden Larven sogleich zu leben haben und sich weiter fortpflanzen können, was nicht geschehen würde, wenn sie sich auf den trockenen oder beinahe holzigen Theilen der Pflanze befänden. Die Natur aber hat für Alles gesorgt, und dieses Insekt, ebenso wie alle übrigen, mit einem untrüglichen Instinct begabt, so daß die Larve beim Auskriechen eine ihren Bedürfnissen entsprechende Nahrung vorfindet. Sobald die Eier ausgebrütet sind, beginnen die Larven zu nagen und zerstören endlich die von ihnen angegriffenen Pflanzentheile gänzlich. Zuweilen sind sie in so großer Anzahl vorhanden, daß sie ganze Beete vernichten würden, wenn man nicht die Vorsichtsmaßregeln anwendet, die ich bereits im dritten Kapitel vollständig angegeben habe.

2. Engerlinge oder Maikäferlarven.

Die größten Feinde der Spargel und beinahe aller Pflanzen sind unstreitig die Engerlinge. Wenn sie sich eines Spargelbeetes bemächtigt haben, so zerstören sie, wenn man ihren Verheerungen nicht Einhalt thut, dasselbe gänzlich. Sie beginnen damit, daß sie vorzugsweise die jungen Wurzeln angreifen, die demzufolge bald absterben. Sobald ein Engerling an einen Spargelstock kommt, zernagt er die zartesten Wurzeln, und wenn er so viel als er kann, verzehrt hat, so kriecht er weiter und fängt an einer zweiten Pflanze an. Es scheint, daß dieses Insekt Geruchsinn hat, und daß es sich immer gegen die Wurzeln wendet, die ihm zur Nahrung dienen sollen. Uebrigens frißt es nur während der schönen Jahreszeit, und je wärmer es wird, desto mehr nähert es sich der Oberfläche des Bodens, so daß man es im Sommer nicht selten die Pflanzen ganz oben am Wurzelhals angreifen sieht. Sobald der Herbst eintritt und die ersten Fröste sich fühlbar zu machen beginnen, gräbt der Engerling sich immer tiefer und tiefer in die Erde, so daß er im stärksten Winter zuweilen 1½ Fuß und noch tiefer sitzt, um sich nicht von der Kälte ereilen zu lassen, dafern er nämlich nicht nahe daran ist, sich in einen Maikäfer zu verwandeln. In diesem Falle gräbt er sich schon im Monat Juli 1 bis 1½ Fuß tief in die Erde, um seine Verwandlung zu beginnen. In den drei letzten Wochen vor dieser Umgestaltung verzehrt er die meiste Nahrung und richtet den größten Schaden an. In diesem Zustande als Wurm oder Larve verharrt er wenigstens drei Jahre, sehr oft aber auch vier Jahre. Wenn das Eierlegen der Maikäfer sehr zeitig im Frühjahre geschehen ist, wenn die Witterung und andere günstige Umstände das Erbrüten der Eier nach Verlauf von einigen Tagen gestatten, und wenn die Sonnenhitze das Insekt rasch entwickelt, so bleibt es nur drei Jahre im Zustande als Wurm. Wenn dagegen das Eierlegen spät geschieht und zu dieser Zeit gerade kalte Witterung herrscht, so erschließen sich die Eier erst lange nachher, oft erst während des Sommers. Der Engerling wächst dann in diesem Jahre nur wenig und bringt vier Jahre zu, ehe er in den Zustand des vollkommenen Insektes, das heißt des Maikäfers übergeht. Aus diesem Grunde führen diese gefährlichen Insekten während des ganzen Sommers einen ununterbrochenen Krieg gegen uns, denn wenn im Laufe dieser drei oder vier Jahre ein für die Maikäfer günstiges eintritt, so legen sie neue Eier, die uns neue Feinde bringen, so daß wir immer kleine, mittlere und große Engerlinge in größerer oder geringerer Zahl haben, je nachdem der Sommer für sie mehr oder weniger günstig gewesen ist. Das Schlimmste ist, daß man bis jetzt noch kein Mittel kennt, um sie abzuwehren, und daß man den Schaden nicht eher gewahrt, als bis er geschehen ist. Von allen Mitteln, die man bis jetzt zur Vernichtung der Engerlinge namhaft gemacht, hat keines auch nur zu dem geringsten günstigen Erfolg geführt; indessen haben in der letzten Zeit die Präfekten mehrerer Departements Verordnungen wegen Tödtung der Maikäfer erlassen. Ich glaube, daß dieß eine sehr weise Maßregel ist, die überall in Ausübung gebracht werden sollte, weil man, wenn man die Maikäfer tödtet, auch zugleich ihre Nachkommenschaft vernichtet. Freilich aber ist es in einem Lande, wie das unsere, wo es große Wälder von hundertjährigen Eichen giebt, welche selbst die kecksten Buben nicht zu erklettern wagen würden, geradezu unmöglich, die Maikäfer auszurotten, und ich glaube, die Regierung selbst würde vor einer solchen Aufgabe zurückschrecken. Eben so giebt es in unseren Geggenden sehr starke und hohe Ulmen, die jedesmal, wenn ein Jahr uns mit Maikäfern beschenkt, ganz davon bedeckt sind; aber es ist nicht leichter, auf diese Bäume zu steigen, als auf die ungeheueren Eichen unserer Wälder.

Sobald ein Engerling an den Wurzeln eines Spargelstockes nagt, so wird die äußerste Spitze ein wenig welk; wenn das Uebel zunimmt, so krümmt sie sich. Bei dem geringsten derartigen Anzeichen muß man schleunigst, aber behutsam nachgraben. Sobald man den Engerling gefunden hat, tödtet man ihn — dieß ist das einzige Mittel, welches ich kenne. Wenn Engerlinge vorhanden sind und man sich, nachdem man ihre Verwüstungen bemerkt, nicht die Mühe geben wollte, sie aufzusuchen, so würden sie, nachdem sie eine Pflanze zerstört, sich sofort nach einer anderen wenden, und so weiter. Es giebt sogar Jahrgänge, wo die Engerlinge in so großer Masse vorhanden sind, daß sie Alles auf einmal angreifen. Dann muß man mit verdoppelter Wachsamkeit Alles aufbieten, um sie zu vernichten und die Beete vor ihren Verwüstungen zu bewahren. Wenn der Schaden nicht sehr bedeutend ist, so leidet die Pflanze nicht merkbar; sind aber die Wurzeln bis zur Hälfte verzehrt, so ist die Pflanze so ziemlich verloren. Das Aufsuchen der Engerlinge in der Erde hat seine Schwierigkeiten, ist aber dennoch das einzige Mittel, welches von einigem Erfolg begleitet ist.

Man hat vorgeschlagen, Lattich auf den von den Engerlingen angegriffenen Beeten zu pflanzen, um sie auf diese Weise anzulocken und zu vernichten; ich glaube aber, daß dieses Mittel auch sehr geeignet ist, alle in der Nähe befindlichen Engerlinge herbeizulocken, und das, was man retten will, desto schneller zu ruiniren. Es ist mir dieß mehrmals passirt, nicht blos mit Spargel, sondern auch mit anderen Pflanzen, namentlich einmal mit einer Anzahl sehr schöner Paradiesäpfelbäume, die ich dadurch vor den Angriffen der Engerlinge sichern wollte, daß ich überall umher Lattichsamen säete. Als derselbe aufgegangen war, lockten die Pflanzen allerdings die Engerlinge an, aber in so großer Masse, daß sie, indem sie die Lattiche fraßen, auch die Wurzeln der Aepfelbäume zernagten, so daß mehr als hundert derselben eingingen. Als ich bemerkte, daß das Mittel schlimmer war als das Uebel, war es schon zu spät; ich ließ nachsuchen und man fand an einer einzigen Wurzel bis zu fünfzehn Stück. Dieselbe Erfahrung habe ich in Bezug auf Spargel und junge Artischocken gemacht. Es scheint ihnen jede Wurzelgattung zuzusagen, und sie nähren sich von Gras- und Blätterpflanzen eben so wie von holzigen. Sobald man daher bemerkt, daß die Engerlinge eine Spargelpflanze angreifen, muß man sie sofort an den Orten suchen, wo man sie vermuthen kann, und sie tödten, so wie sie zum Vorschein kommen, weil sie sonst die ganze Pflanze zerstören. *)

3. Maulwürfe.

Die Maulwürfe sind auch die Feinde der Spargel; sie nähren sich nicht davon, aber sie durchwühlen den Boden durch die unterirdischen Gänge, welche sie graben, und legen oft die Köpfe der Pflanzen bloß. Wenn eines dieser Thiere sich in einen Garten eingeschlichen hat, so kann man sich seiner sehr bald entledigen, indem man ihm entweder auflauert oder ihm Fallen stellt. Es giebt Gärten, in welche die Maulwürfe nicht eindringen können, aber es giebt auch andere, in welche

*) Ich will nicht verfehlen, ein mir bekanntes Mittel gegen die Engerlinge anzugeben. Sowie man ihr Vorkommen bemerkt, entfernt man die obere Erde ein wenig und begießt den Stock, ohne das Herz der Pflanze zu treffen, mit verdünnter Mistjauche (Gülle), wodurch zugleich gedüngt wird. Auch blos reines Wasser nützt schon viel, wenn es oft angewendet wird, da diese Thiere die Nässe scheuen. A. d. H.

sie freien Zutritt haben, und die man daher mit ganz besonderer Sorgfalt hüten muß. Wenn in dem Augenblicke, wo man es am wenigsten erwartet, ein Maulwurf in ein Spargelbeet eingedrungen wäre, so darf man nicht eher ruhen, als bis man sich seiner bemächtigt hat. Von allen Feinden des Spargels ist der Maulwurf der am leichtesten zu vernichtende.

Sechszehntes Kapitel.

Schluß.

Ich schließe meine kleine Abhandlung, indem ich meine Leser darauf aufmerksam mache, daß ich, um mich besser verständlich zu machen, um meinen Vorschriften mehr Klarheit zu geben und nichts dunkel zu lassen, genöthigt gewesen bin, ein und dasselbe mehrmals zu sagen. Da ein Kapitel sich an das andere anschließt, so glaube ich, daß durch Verweisungen von einer Seite zur anderen und Bezugnahmen nur Verwirrung und Undeutlichkeit entstanden sein würden, weßhalb ich es vorgezogen habe, dieselbe Vorschrift und denselben Rath in jedem Kapitel und so oft als sich Veranlassung dazu bot, zu wiederholen, wenn auch so kurz als möglich. Man wird gesehen haben, daß wir bei unserer Aufgabe nicht gelehrt zu Werke gegangen sind, und wir besitzen auch nicht die Fähigkeit dazu; dahingegen haben wir aber treulich und ohne Rückhalt Alles mitgetheilt, was uns die Erfahrung seit mehr als dreißig Jahren in dieser Beziehung gelehrt hat. Ich glaube, daß sich noch weit mehr thun läßt, aber ich glaube auch, daß uns noch Niemand in der Cultur dieser Pflanze übertroffen hat. Wahrscheinlich giebt es auch noch andere Gärtner, die sich eben so wie wir mit einer besonderen Methode der Spargelzucht beschäftigen; ob sie aber ebenfalls Schriften darüber herausgegeben haben, das weiß ich nicht, wenigstens sind mir keine bekannt geworden. Ich habe wohl gelesen, was viele Gartenbücher über den Spargel sagen, keines aber scheint mir diese Cultur auf genügende Weise zu behandeln. Deßhalb habe ich gewagt, selbst die Feder zu ergreifen — mögen meine Leser mir es verzeihen! — nicht, um das zu wiederholen, was die Bücher sagen, — denn ich habe nicht ein einziges deßwegen zu Rathe gezogen, — sondern um anderen das klar auseinanderzusetzen, was einzig und allein die Praxis mich gelehrt hat.

Ferner muß ich bemerken, daß ich durchaus nicht für die Praktiker, noch für die Gärtner von Fach, welche die Spargelzucht betreiben, geschrieben haben will, weil diese über dieses Kapitel vielleicht mehr wissen als ich, sondern ich habe für die Liebhaber und für Diejenigen geschrieben, welche Spargel zu bauen wünschen und, weil sie nicht die dazu nöthigen Kenntnisse besitzen, eines Führers bedürfen, damit sie nicht im Finstern tappen und sicher sein können, an's Ziel zu gelangen. Für Alle, welchen es an praktischer Erfahrung fehlt, ist diese Schrift bestimmt, und ich hoffe ihnen dadurch nützlich zu sein, indem ich sie in die Cultur dieser kostbaren Pflanze einweihe.

Der Kritik lasse ich volle Freiheit und bitte meine Leser blos um einige Nachsicht, denn ich habe Alles gethan, was ich gekonnt, um ihnen den Weg zu bahnen, weßhalb sie meiner kleinen Schrift ein bescheidenes Plätzchen in der Gartenliteratur gönnen werden. Wie Viele giebt es, welche etwas machen oder wenigstens machen und lehren wollen, was sie nicht verstehen! Man glaube nicht, daß ich die Absicht habe, hiermit irgend Jemanden einen Vorwurf machen zu wollen, aber man bedenke wohl, daß nicht Jeder Zeit und Lust hat, lange Versuche und genaue Beobachtungen anzustellen, die Anderen nützlich und geeignet sind, die Wissenschaft zu fördern.

Eben so erkläre ich, daß ich, wenn es Gelehrte oder Gärtner giebt, die, mögen sie sein, wer sie wollen, es besser verstehen als ich, sobald sie ihre Theorien oder ihre Anweisungen veröffentlichen, der Erste sein werde, der seine Theorie aufgiebt, um die ihrige in Ausübung zu bringen. Ich füge hinzu, daß ich Niemanden bei diesem kleinen Werke zu Rathe gezogen habe — Alles, was es enthält, ist von mir, weßhalb auch die Verantwortlichkeit dafür auf mir allein ruht, und selbst eine dreißigjährige Erfahrung scheint mir noch kein hinreichendes Gegengewicht zu sein, um meine Behauptungen vollständig verbürgen zu können. Ich wünsche im Interesse der Sache, daß Andere es noch besser machen als ich, mittlerweile aber werde ich innerhalb der von mir gesteckten Grenzen verharren.

Zeitfracht Medien GmbH
Ferdinand-Jühlke-Straße 7
99095 Erfurt, Deutschland
produktsicherheit@kolibri360.de